园林规划设计与绿化施工探究

鞠伟琴　雷贵帅　张建霞 ◎著

U0341133

吉林科学技术出版社

图书在版编目（CIP）数据

园林规划设计与绿化施工探究 / 鞠伟琴，雷贵帅，
张建霞著. -- 长春：吉林科学技术出版社，2023.5
ISBN 978-7-5744-0540-0

Ⅰ．①园… Ⅱ．①鞠… ②雷… ③张… Ⅲ．①园林设
计②园林－绿化－工程施工 Ⅳ．①TU986

中国国家版本馆 CIP 数据核字(2023)第 103918 号

园林规划设计与绿化施工探究

作　　者	鞠伟琴　雷贵帅　张建霞	
出 版 人	宛　霞	
责任编辑	乌　兰	
幅面尺寸	185 mm×260mm	
开　　本	16	
字　　数	256 千字	
印　　张	11.25	
版　　次	2023 年 5 月第 1 版	
印　　次	2023 年 5 月第 1 次印刷	

出　　版　吉林科学技术出版社
发　　行　吉林科学技术出版社
地　　址　长春市净月区福祉大路 5788 号
邮　　编　130118
发行部电话/传真　0431-81629529　81629530　81629531
　　　　　　　　　81629532　81629533　81629534
储运部电话　0431-86059116
编辑部电话　0431-81629518
印　　刷　北京四海锦诚印刷技术有限公司

书　　号　ISBN 978-7-5744-0540-0
定　　价　70.00 元

● 前 言

随着城市建设的发展，人们越来越重视环境，特别是环境的美化，园林建设已成为城市美化的一个重要组成部分。园林不仅在城市景观方面发挥着重要作用，而且在生态和休闲方面也发挥着重要功能。

城市园林的建设越来越受到人们重视，许多城市提出了要建设国际花园城市和生态园林城市的目标，加强了新城区的园林规划和老城区的绿地改造，促进了园林行业的蓬勃发展。与此相应，社会对园林类专业人才的需求也日益增加，特别是那些既懂得园林规划设计，又懂得园林工程施工，还能进行绿地养护的高技能人才成为园林行业的紧俏人才。为了满足各地城市建设发展对园林高技能人才的需要，全国1 000多所高等职业院校中有相当一部分院校增设了园林类专业。而且，近几年的招生规模不断扩大，与园林行业的发展遥相呼应。但与此不相适应的是适合高等职业教育特色的园林类教材建设速度相对缓慢，与高职园林教育的迅速发展形成明显反差。因此，出版园林规划设计与绿化施工探究方向的书籍显得极为迫切和必要。

本书是园林规划设计与绿化施工探究方向的著作，本书从园林规划设计基础介绍入手，针对园林构成要素及设计、景区园林规划设计以及园林绿化植物种植设计进行了分析研究；另外，对园林绿化施工、园林植物的养护做了一定的介绍。本书是根据园林行业不同岗位的核心能力设计的，其内容能够满足高职学生根据自己的专业方向参加相关岗位资格证书考试的要求，如花卉工、绿化工、园林工程施工员、园林工程预算员、插花员等，也可作为这些工种的培训教材。

在本书撰写的过程中，吸收和借鉴了许多参考资料以及其他学者的相关研究成果，在此表示由衷的感谢！由于时间较为仓促和作者水平有限，书中难免出现一些谬误，恳请广大读者、专家学者能够予以谅解并及时进行指正，以便后续对本书做进一步的修改与完善。

目 录

第一章 园林规划设计

第一节 园林概述及园林规划设计的程序

一、园林规划设计的概念、任务和原则

（一）园林的含义

园林是人类社会发展到一定阶段的产物。不同的历史发展阶段、不同的国家和地区对园林的界定不完全一样。在我国古代，园林被称为苑、囿、园圃、园池、庭院、别业、山庄等。西晋以后，诗文中才出现"园林"一词。在国外，园林则被称为Garden、Park、Landscape Garden等。它们的性质和规模虽不完全一样，但总体可概括为：园林是在一定的地域范围内，依据自然地形地貌，利用植物、山石、水体、建筑等主要素材，根据功能要求，遵循科学原理和艺术规律，创造出的可供人们居住、游憩、观赏的环境。

园林是一个供人观赏、休闲、游憩的场所，是一个户外的活动空间和视觉空间。规模大的如森林公园、风景名胜区等，规模小的如庭院绿化、单位或街道小游园等。

园林的构成要素有地形、水体、植物和建筑。这四者又统称为园林四大要素。园林构成要素并不是简单随机地拼凑在一起，而是互相联系、有机组合在一起的，它们之间的和谐搭配形成了园林的不同类型和风格。

园林既是物质产品，又是精神产品。园林的营造是在经济、技术条件的制约下，在满足使用功能的前提下，艺术地进行布局，从而形成优美的户外环境，既能满足人们的精神需求，又能改善生态环境。

（二）园林规划设计的含义

园林规划设计包含园林绿地规划和园林绿地设计两个含义。

园林规划泛指考虑长远发展计划的过程。宏观上，它是对未来园林绿地发展方向的设想与安排，制定出发展的战略目标、发展规模、速度、投资等，这种规划也称发展规划。微观上，它是指具体的园林绿地的布局、要素的安排、土地的利用等。园林规划总体

可概括为：是园林绿地的总体规划，是综合确定、安排园林建设项目的性质、规模、发展方向、主要内容、基础设施、空间综合布局、建设分期和投资估算的活动，是园林设计的依据。

园林设计是指具体实施规划中某一工程的实施方案，使园林的空间造型满足游人对其功能和审美要求的相关活动。它一般是指具体而细致的施工计划。具体包括地形设计、建筑设计、园路设计、种植设计及园林建筑小品等方面的设计。

园林规划设计就是对园林空间进行组合。通过规划从时间、空间方面对园林绿地进行安排，使之符合生态、社会和经济的要求，同时又能保证园林规划设计各要素之间取得有机联系，以满足园林艺术要求。园林设计就是在规划的原则下，围绕园林地形，利用植物、山水、建筑等园林要素创造出有独立风格，有生机、有力度、有内涵的园林环境。因此，园林规划设计是一个系统工程，园林规划与园林设计二者不可分割。

（三）园林规划设计的作用和对象

园林规划设计的目的是创造自然优美、清洁卫生、安全舒适、科学文明的现代城市环境系统。

目前，我国正处在城镇化快速发展的重要时期，在建设一批新城镇的同时，还在扩大、改造一批旧城镇。因此，园林规划设计的对象主要是新建和需要改造的城镇和各类企事业单位的园林绿地，具体是指城镇中各类风景区、公园、植物园、动物园、街道绿地、广场、小区等城市绿地的规划设计。对于新建城镇、新建单位的绿地规划，要结合总体规划进行；对于要改造的城镇和园林单位的绿地规划，要结合城镇改造统一进行。总体任务是规划出切实可行的适应现代城市发展的最佳绿地系统。

（四）园林规划设计的原则与要求

园林绿地规划设计是以园林地形、建筑、山水、植物为材料的一种空间艺术创作。园林绿地的性质和功能决定了园林规划设计的特殊性，因此，在园林绿地规划设计时要符合适用、经济、美观、生态等方面的要求。

1.适用原则

所谓适用，一是要因地制宜，适地适树，要符合绿地的性质和功能要求，要满足植物的生态要求，具有一定的科学性；二是园林的功能要适合于服务对象，各种园林绿地在功能上各有特性，在设计时，就要满足它们各自的功能特点，实现人们建造这些园林的目的，这才是适用的原则。适用带有一定的永恒性和长久性。

2.经济原则

经济原则的实质，就是园林建设要根据园林的性质和建设需要确定必要的投资。一是充分运用乡土树种。各地区都有独具特色的乡土树种，善于利用这些丰富的植物资源，在植物配置方面就会有新的突破，这也是解决城市园林绿地建设费用不断增加的办法。因为乡土树种适应性强，苗木来源广泛，又可突出地方特色。二是注重经济树种种植。种植一些观果、观叶的经济林树种，如柿树、银杏、枇杷、杨梅、薄壳山核桃、杜仲等，使观赏性与经济效益有机结合在一起。三是在布置方法上，要充分利用原有地形，并有效划分和组织园地的区域，尽量减少进行大量土地平整的费用，达到一定的经济要求。四是在造园材料的使用上，多考虑经济环保性的材料。材料不在于名贵或高价，主要在于它能不能满足园林的使用要求，并把园景优美的特点表现出来。当然，也要考虑材料的坚固耐用程度和日后的管理问题。

3.美观原则

在适用、经济的前提下，尽可能做到美观，满足园林布局、造景的艺术要求。园林绿地不仅有实用功能，而且能形成不同的景观，给人以视觉、听觉、嗅觉上的美感。因此，在植物配置上也要符合艺术美的规律，合理进行搭配，从整体着眼，注意平面和立面变化，全面考虑植物形、色、味、声的效果，最大限度地发挥园林植物"美"的魅力。

4.生态原则

随着工业的发展、城市人口的增加，城市生态环境受到破坏，直接影响了城市人民的生存条件，保持城市生态平衡已成为刻不容缓的事情。因此，要运用生态学的观点和途径进行园林规划布局，使园林绿地在生态上合理、在构图上符合要求，做到景观与生态环境融为一体，使城市园林既发挥出生态效益，又表现出城市园林的景观作用。

二、园林规划设计的程序

园林规划设计的程序是指建造一个园林绿地之前，设计者根据建设计划及当地的具体情况，把要建造的这块绿地的想法，通过各种图纸及简要的文字说明表达出来的一系列过程，称为园林规划设计的程序。

园林规划设计分为以下五个阶段：熟悉任务书、调查研究分析、总体规划设计、详细设计及编制任务书。

（一）熟悉任务书

任务书是甲方对设计任务的具体要求、设计标准和投资额度。设计工作的第一步是熟悉设计任务。在此阶段，设计师应充分了解委托方的具体要求、愿望、项目的造价和时间期限等内容。这些内容是整个规划设计的根本依据，在任务书阶段很少用到图样，常用以文字为主的文件。

（二）调查研究分析阶段

无论现场面积大小、设计项目难易，设计者都必须到现场进行认真踏勘。一方面，核对、补充所收集的资料；另一方面，设计者到现场，可根据周围环境条件，进入艺术构思阶段。现场踏勘的同时，要拍摄一定的环境现状照片，以供进行总体设计时参考。

1.自然环境的调查

（1）气象方面

气象方面包括气温（平均、绝对最高、绝对最低）、湿度、降雨量、风速、风向及风玫瑰图、无霜期、结冰期、化冰期、冻土厚度、有云天数、日照天数及特别小气候。

（2）地形方面

地形方面包括地形起伏度、谷地开合度、地形山脉倾斜方向、倾斜度、沼泽地、低洼地、土壤冲刷地、土石情况。

（3）土壤方面

土壤方面包括土壤的物理化学性质、种类、土层厚度、地下水位、透气性、肥沃度、地质构造、断层母岩、表层地质。

（4）水体方面

水体方面包括河川、湖泊、水的流向、流量、速度、水质、pH值、水底标高、常水位、最高及最低水位、地下水状况、水利工程特点（景观）。

（5）植被资料

植被资料包括现有园林植物古树、大树的种类、数量、分布、生长情况、观赏价值。

2.社会环境及人文资料的调查

（1）调查城市绿地总体规划与该绿地的关系。明确国土规划、地方区域规划、城市规划等城市概况，包括城市人口、面积、土地利用、城市设施、城市法规等。

（2）调查该绿地的性质及周边的绿地建设情况，如工厂、单位，有无风景旅游区以及防灾避难场所等。

（3）调查该绿地现状、绿地目前使用率、现有建筑物、交通情况。

（4）调查与该绿地有关的历史、人文资料。

3.设计条件的调查

（1）总平面地形图

根据面积大小，提供1∶2 000、1∶1 000、1∶500的总平面地形图。图纸应明确以下内容：设计范围（红线范围、坐标数字），现有建筑、山体、水系、植物、道路，各主要点标高、坡度、等高线，周围机关、单位、居住区、道路、树木分布现状图

（1∶200～1∶500），主要标明现有树木的位置、种类、胸径、生长状况及观赏价值等，有较高价值的树木最好附有彩色照片。

（2）建筑物

建（构）筑物的位置、高度、门窗位置（朝向、高度）、用途、材料、结构、色彩、风格样式、个性特点等。

（3）地上、地下管线图（1∶200～1∶500）

一般要求与施工图比例相同。图内应包括要保留和拟建的上水、雨水、污水、电信、电力、暖气、煤气、热气等管线位置及井位等。

（4）局部放大图（1∶200）

主要供局部详细设计使用。

4.城市环境及绿地技术经济资料调查

调查市区各种污染源的位置、污染范围、各种污染物的浓度，以及天然公害、灾害程度等。

调查城市现有公共绿地位置、范围、面积、性质、绿地设施情况及可利用程度。现有各类绿地用地比例、绿地面积、绿地率、人均绿地面积；适于绿化、不宜修建用地的面积，荒地植树造林情况；当地苗圃地面积、现有苗木种类、大小规格、数量及生长情况等。

5.调查结果分析与评价

设计师在掌握上述情况后，还要对该绿地进行综合分析和评价。深入细致的分析，有助于用地的规划和各项内容的详细设计。分析评价内容包括环境保护分析评价、文化娱乐分析评价、景观分析评价和综合分析评价等。

（三）总体规划设计阶段（方案设计阶段）

在明确该园林绿地在城市绿地系统中的地位和作用，确定了园林设计的原则与目标以后，按照设计大纲，着手进行总体规划设计。这一阶段的主要工作包括功能分区，结合基地条件、空间及视觉构图确定各功能区的主要位置，包括交通的布置、道路广场、建筑、出入口的确定等。常用的图纸主要有地形规划图、功能分析图、道路系统规划图、方案构思图及总平面图等。

1.位置图

位置图（1∶5 000～1∶10 000）属于示意性图纸，一般要求标出园林绿地在城市区域内的位置、轮廓、交通和周边环境关系。

2.总平面地形图

根据面积大小，提供1∶2 000、1∶1 000、1∶500的总平面地形图。图纸应明确以下内容：设计范围（红线范围、坐标数字），现有建筑、山体、水系、植物、道路，各主要点标高、坡度、等高线，周围机关、单位、居住区、道路、树木分布情况，主要是树木的位置、种类、胸径、生长状况及观赏价值等，有较高价值的树木最好附有彩色照片。

3.现状分析图

根据收集的全部资料，经分析、整理、归纳后，分成若干空间，用圆圈或抽象图形将其粗略地表示出来，并对现状进行综合评价。如对四周道路、环境分析后，可划定出入口的范围等。

4.功能分区图

根据总体规划设计原则、现状图分析，确定不同的分区，划出不同的空间，使不同空间和区域满足不同的功能要求，并使功能与形式尽可能统一。该图具有示意说明性质，主要用于反映不同空间、分区之间的关系，可用抽象图形或圆圈等图案予以表示。

5.地形规划图（竖向设计图）

地形是园林的骨架，要求能反映全园的地形结构。可根据规划设计原则以及功能分区图，结合设计内容、景观需要和排水方向等绘出地形设计图。

6.道路系统规划图

确定全园的主要、次要与专用出入口；确定园林主干道、次干道，包括消防通道、主要广场的位置，以及各种路面的宽度；初步确定主要道路的路面材料、铺装形式等。

7.总体规划平面图

总体规划平面图应包括以下内容：全园主要、次要、专用出入口的位置、形式、面积，以及主要出入口内外广场、停车场、大门等的布局；全园地形总体规划、道路系统规划；全园建筑物、构筑物等布局情况；全园植物分布；全园比例尺、指北针、图例等内容。

8.整体鸟瞰图

为了更直观地表达园林设计的意图，更清楚地表现园林设计中各景点、景物以及景区的景观，可通过钢笔画、水彩画、水粉画、电脑制图或模型等形式来表现。

9.绿化规划图

根据总体设计图的布局、设计的原则以及苗木来源的情况，确定园林的基调树种、骨干树种、造景树种，确定不同地点的植物种植方式。为了更好地表现方案，经常依据绿地中的重要景点、景区要求画出局部效果图。

10.管线、电气规划图

管线规划图是以总体规划方案及树木规划为基础，规划出上水水源的引进方式、总用水量、消防、生活、树木喷灌、管网的大致分布、管径大小、水压高低及雨水、污水的排放方式等。北方城市如果工程规模大、建筑多，冬季需要供暖，则须考虑取暖方式及锅炉房的位置等。电气规划图是以规划总用电量、用电利用系数、分区供电设施、配电方式、电缆设备以及各区照明方式、广播通信等线路的位置。

（四）详细设计阶段

在确定总体设计方案后，须进行各个局部的详细设计。局部详细设计工作主要内容包括图纸部分、文本说明书、工程量总表。

1.平面图

根据绿地或工程的不同分区，划分成若干局部。每个局部根据总体设计的要求进行详细设计。

一般比例尺为1：500，用不同等级粗细的线条，画出等高线、园路、广场、建筑、水池、湖面、驳岸、树林、草地、灌木丛、花坛、花境、山石、雕塑等。同时，要求标明建筑平面标高及周围环境，道路的宽度、形式和标高，主要广场铺装的形式、标高，花坛、水池的形状和标高，驳岸的形式、宽度、标高，雕塑、园林小品的平面造型、标高。

2.立面、剖面图

为更好地表达设计意图，在局部艺术布局的最重要部分，或局部地形变化部分，画出立面、剖面图。

3.局部种植设计图

一般比例尺采用1：500、1：300、1：200，要求能准确地反映乔木的种植点、种植数量、种植种类，以及树丛、树林、花丛、花境、花坛、灌木丛等的位置。

4.园林建筑布局图

应标明建筑轮廓及周围地形的标高、与周围构筑物的距离尺寸，以及与周围绿化种植的关系。

5.综合管网图

应标明各种管线的平面位置和管线中心尺寸。

（五）编制任务书阶段（设计大纲）

设计者将所收集的资料，经过分析、研究，定出设计原则和目标，编制出设计的要求和说明。为了更系统、清楚、准确地表达设计者的设计思想，必须用图表及文字形式对各阶段的设计意图、材料选择、技术手段、工程安排以及设计图上难以表达清楚的内容加以描述、说明。主要包括设计的原则和目标、园林绿地所处地段的特征及周边环境、入口处理方法、园林绿地总体设计的艺术特色和风格要求、园林绿地总体地形设计、道路系统和功能分区、园林绿地近期和远期的投资以及单位面积造价的定额、园林绿地分期建设实施的程序等。

第二节　园林规划设计的艺术设计

一、园林艺术形式的设计

园林美具有多元性，表现在构成园林的多元要素之中和各要素的不同组合形式之中。园林美也具有多样性，主要表现在其历史、民族、地域、时代的多样统一中。风景园林具有绝对性与相对性的差异，这是因为它包含自然美和社会美。

（一）园林美的特征

园林美的特征主要表现在自然美、社会美、艺术美三个方面。

1.园林中的自然美

自然景物和动物的美称为自然美。自然美的特点偏重于形式，往往以其色彩、形状、质感、声音等感性特征直接引起人的美感，园林中的自然美可归纳为声音美、色彩美、姿态美、芳香美等，它所积淀的社会内涵往往是曲折、隐晦、间接的。园林作为一个现实的生活境域，营造时就必须借助物质造园材料，如自然山水、树木花草、亭台楼阁、假山叠石，乃至物候天象。将这些造园材料精心设计、巧为安排，创造出一个优美的园林景观。因此，园林美首先表现在园林作品可视的形象实体上，如假山的玲珑剔透、树木的红花绿叶、山水的清秀明洁……这些造园材料及组成的园林景观构成了园林美的第一种形态——自然美实。园林中的自然美具有变化性、多面性、综合性等特征。

2.园林中的社会美

园林作为现实的物质生活环境，是一个可游、可憩、可赏、可学、可居、可食的综合活动空间，必须使其布局能保证游人在游园时感到方便和舒适。

（1）应保证园林环境的清洁卫生，使其空气清新，无烟尘污染，水体清透。

（2）要有适于人生活的小气候，使气温、温度、风的综合作用达到理想的要求。冬季要防风，夏季能纳凉，有一定的水面、空旷的草地及大面积的庇荫树林。

（3）应有方便的交通、良好的治安保证和完美的服务设施。有广阔的户外活动场地，有安静的休息散步、垂钓、阅读休息的场所；在娱乐休息方面，有划船、游泳、溜冰等体育活动的设施；在文化生活方面，有各种展览、舞台艺术、音乐演奏等场地。这些都将怡悦人们的性情，带来生活的美感。

（4）园林艺术作为一种社会意识形态和一个现实的生活境域，自然要受制于社会，也会反映社会生活的内容，表现园主的思想倾向。

3.园林中的艺术美

自然美和生活美属于现实美，是美的客观存在的形态，而艺术美则是现实美的升华。艺术美是人类对现实生活的全部感受、体验、理解的加工提炼、熔铸和结晶，是人类对现实审美关系的集中表现。艺术美会通过精神产品传达到社会中去，推动现实生活中美的创造，来表达时代精神和社会物质文化风貌，是一种更高层次的美。

艺术美在园林形式方面主要表现在园林景物轮廓的线形，景物的体形、色彩、明暗，静态空间的组织以及动态空间的节奏安排等方面。

艺术是通过创造艺术形象具体地反映社会生活，表现作者思想感情的一种社会意识形态。艺术美是意识形态的美。尽管园林艺术的形象是具体而实在的，但是，园林艺术的美又不仅仅限于这些可视的形象实体上，而是借山水花草等形象实体，运用各种造园手法和技巧合理布置、巧妙安排、灵活运用，来传达人们特定的思想情感，抒写园林意境，创造艺术美。园林艺术美包括造型艺术美、联想艺术美等。艺术美具有形象性、典型性、审美性等特征。

（二）园林美的主要内容

如果说自然美是以其形式取胜，园林美则是形式美与内容美的高度统一。它的主要内容有以下十个方面：

1.山水地形美

山水地形美包括地形改造、引水造景、地貌利用、土石假山等，形成园林的骨架和脉络，为园林植物种植、游览建筑设置和视景点的控制创造条件。

2.借用天象美

借用大自然的日月雨雪、云雾霞光等天象造景，是形式美的一种特殊表现形式。如观云海霞光，看日出日落，设朝阳洞、夕照亭、月到风来亭、烟雨楼，听雨打芭蕉、泉瀑松涛，造断桥残雪、踏雪寻梅意境等。

3.再现生境美

仿效自然，创造人工植物群落和良性循环的生态环境，创造空气清新、温度适中的小气候环境。花草树木永远是生境的主体，也包括多种生物。

4.建筑艺术美

风景园林中由于游览景点、服务管理、维护等功能的要求和造景需要，要求修建一些园林建筑。建筑宜简洁便用，画龙点睛，建筑艺术往往是民族文化和时代潮流的结晶。

5.工程设施美

园林中，游道、廊桥、假山水景、电照光影、给水排水、挡土护坡等各项设施必须配套，要注意艺术处理区别于一般的市政设施，在满足工程需要的前提下，进行艺术处理，形成独特的园林美景。

6.文化景观美

风景园林常借助人类文化中的诗词书画、文物古迹、历史典故等创造诗情画意的意境，其中的景名景序、门楹对联、摩崖石刻、字画雕塑等无不渗透着人类文化的精华。

7.色彩音响美

风景园林是一幅五彩缤纷的天然图画，蓝天白云、花红叶绿、粉墙灰瓦、雕梁画栋，风声雨声、欢声笑语、百鸟争鸣。

8.造型艺术美

园林中常运用艺术造型来表现某种精神、象征、礼仪、标志、纪念意义，以及某种体形、线条美。例如图腾、华表、标牌、喷泉及各种植物造型等。

9.旅游生活美

园林是一个可游、可憩、可赏、可居、可学、可食的综合活动空间，满意的生活服务、健康的文化娱乐、清洁卫生的环境、交通便利与治安保证，都将怡悦人们的性情，给人们带来生活的美感。

10.联想意境美

联想和意境是我国造园艺术的特征之一。丰富的景物，通过人们的接近联想和对比联想，可达到见景生情、体会弦外之音的效果。意境就是通过意象的深化而构成心境应合、神形兼备的艺术境界，也就是主客观情景交融的艺术境界。园林美就应该达到这样的境界。

（三）形式美法则

与其他艺术门类一样，园林景象（园林艺术作品的形式）是以形式美的基本规律创造出来的。自然界常以其形式美取胜而影响人们的审美感受，各种景物都是由外形式和内形式组成的。外形式由景物的材料、质地、线条、体态、光泽、色彩及声响等因素构成，内形式是上述因素按不同规律组织起来的结构形式或结构特征。例如，一般植物都是由根、干、冠、叶、花、果组成，然而它们由于各自的特点和组成方式的不同而产生了千变万化的植物个体和群体，构成了乔木、灌木、藤类、花卉等不同形态。

1.形式美的表现形态

从形式美的外形式方面加以描述，其表现形态主要有线条美、图形美、体形美、光影色彩美、朦胧美等几个方面。

（1）线条美

线条是构成景物外观的基本因素。人们从自然界发现了各种线型的性格特征：长条横直线表现出水平线的广阔宁静；竖直线给人以上升、挺拔之感；短直线表示阻断与停顿；

虚线产生延续、跳动的感觉；斜线使人联想到山坡、滑梯的动势和危机感；用直线类组合成的图案和道路，表现出耿直、刚强、秩序、规则和理性；弧形弯曲线则代表着柔和、流畅、细腻和活泼。线条是造园家的语言，可以表现起伏的地形线、曲折的道路线、碗蜒的河岸线、美丽的桥拱线、丰富的林冠线、严整的广场线、挺拔的峭壁线、丰富的屋面线等。

（2）图形美

图形是由各种线条围合而成的平面形，一般可分为规则式图形和自然式图形两类。规则式图形的特征是稳定、有序，有明显的规律变化，有一定的轴线关系和数比关系，庄严肃穆，秩序井然；不规则图形表达了人们对自然的向往，其特征是自然、流动、不对称、活泼、抽象、柔美和随意。

（3）体形美

体形是由多种界面组成的实体，能给人以更深的印象。风景园林中包含着绚丽多姿的体形美要素，体现在山石、水景、建筑、雕塑、植物造型上，人体本身也是线条与体形美的集中表现。不同类型的景物有不同的体形美，同一类型的景物，也具有多种状态的体形美。现代雕塑艺术不仅表现出景物体形的一般外在规律，而且还抓住景物的内涵加以发挥变形，出现了以表达感情内涵为特征的抽象艺术。

（4）光影色彩美

色彩是造型艺术的重要表现手段之一，通过光的反射，色彩能引起人们生理和心理的感应，从而获得美感。

色彩表现的基本要求是对比与和谐，人们在风景园林空间里，面对色彩的冷暖和感情联系，必然产生丰富的情绪体验。

（5）朦胧美

朦胧美产生于自然界，如雾中景、雨中花、云间佛光、烟云细柳，它是形式美的一种特殊表现形态，能给人虚实相生、扑朔迷离的美感。它给游人留有较大的虚幻空间和思维余地，在风景园林中通常利用烟雨条件或半隐半现的手法给人以朦胧隐约的美感。

2.形式美的法则

形式美是人类社会在长期的生产实践中发现和积累起来的，具有一定的普遍性、规定性和共同性。人们在长期的社会劳动实践中，按照美的规律塑造景物的外形式，从而发现了一些形式美的规律性。形式美的法则主要体现在以下七个方面：

（1）主与从

主体是空间构图的重心或重点，也起主导作用，其余客体对主体起陪衬或烘托作用。这样主次分明，相得益彰，才能共存于统一的构图之中。如过分强调客体，则喧宾夺主或主次不分，都会导致构图失败。因此，整个园林构图乃至局部设计都要重视主从关系。

（2）均衡与稳定

均衡是指园林布局中的前后、左右的轻重关系。自然界静止的物体都遵循力学原理，以平衡的状态存在。在园林布局中，要求园林景物的体量关系应符合这种平衡安定的概念，即均衡。稳定是指园林布局中整体的上下轻重的关系。自然界的物体由于受地心引力的作用，为维持稳定，往往近地部分大而重，而在上面的部分小而轻。由这些现象中，人们产生了重心靠下、底面积大可获得稳定感的认识。在园林布局中，往往采用下面大、向上逐渐缩小的方法来取得稳定坚固感，也常利用材料质地所给人的不同质量感来获得稳定感。

均衡可分为对称均衡和不对称均衡两种。对称均衡，又称静态均衡，就是景物以某轴线为中心，在相对静止的条件下，取得左右或上下对称的形式，在心理学上表现为稳定、庄重和理性。对称均衡在规则式园林中常被采用，如纪念性园林、公共建筑前的绿化，古典园林前成对的石狮、槐树，以及路两边的行道树、花坛、雕塑等。

不对称均衡又称动态均衡、动势均衡。不对称均衡的布置小至树丛、散置山石、自然水池，大至整个园林绿地、风景区的布局。它常给人以轻松、自由、活泼、变化的感觉，故广泛应用于一般游憩性的自然式园林绿地中。不对称均衡创作法一般有以下三种类型：

① 构图中心法

构图中心法即在群体景物之中，有意识地强调一个视线构图中心，而使其他部分均与其取得对应关系，从而在总体上取得均衡感。

② 杠杆均衡法

杠杆均衡法又称动态平衡法。根据杠杆力矩原理，将不同体量或质量感的景物置于相对应的位置而取得平衡感。

③ 惯性心理法

惯性心理法也称运动平衡法。人在劳动实践中形成了习惯性重心感，若重心产生偏移，则必然出现动势倾向，以求得新的均衡。人体活动一般在正立三角形中取得平衡。根据这些规律，在园林造景中就可广泛运用三角形构图法，进行园林静态空间与动态空间的重心处理。

（3）对比与调和

对比与调和是运用布局中的某一因素（如体量、色彩、质感等）程度不同的差异取得不同艺术效果的表现形式，或者说是利用人的错觉来互相衬托的表现手法。差异程度显著的表现，称为对比，能彼此对照、互相衬托，更加鲜明地突出各自的特点；差异较小的表现，称为调和，使其彼此和谐、互相联系，产生完整统一的效果。

园林景物要在对比中求调和，在调和之中求对比，使景观既丰富多彩、生动活泼，又突出主题、风格协调。

对比与调和只存在于同一因素的差异，而不同的因素之间不存在对比与调和。对比的手法有形象、体量、方向、空间、明暗、虚实、色彩、质感的对比等。

以三个视觉中心为景物的主要位置，有时是以三点成一面的几何构成安排景物的位置，形成一个稳定的三角形。这种三角形可以是正三角，也可以是斜三角或倒三角。其中，斜三角形较为常用，也较为灵活。三角形构图具有安定、均衡、灵活等特点。

① 形象的对比

园林中构成园林景物的线、面、体和空间常具有各种不同的形状。在布局中，只采用一种或类似的形状时，易取得协调和统一的效果，即调和；相反，则会取得对比的效果。园林布局中，形象的对比是多方面的。以短衬长，长者更长；以低衬高，高者更高。这都是形象对比的效果。

② 体量的对比

体量相同的物体放在不同的环境中，给人的感觉也不同。放在空旷的广场中，人觉其小；放在小室内，会觉其大。这就是小中见大、大中见小的道理。园林布局中，常采用若干小的物体来衬托一个大的物体，以突出主体，强调重点。例如，颐和园中为衬托佛香阁的高大突出，在其周围建了许多小体量的廊；又如，为了体现埃及金字塔的高大，在其周围建了许多小体量的金字塔。

③ 方向的对比

在园林的形体、空间和立面的处理中，常运用垂直和水平方向的对比，以丰富园景。例如山水的对比、乔木和绿篱的对比等都是水平与垂直线条方向上的对比。

④ 空间开闭的对比

在空间处理上，开敞的空间和闭锁的空间可形成对比。例如，园林绿地中利用空间的收放开合，形成敞景与聚景的对比，开敞风景与闭锁风景共存于园林之中，相互对比，彼此烘托，视线忽远忽近、忽放忽收，可增加空间的层次感，引人入胜。

⑤ 明暗的对比

由于光线的强弱，造成景物、环境的明暗，进而引发游人不同的感受。明，给人以开朗活泼的感觉；暗，给人以幽静柔和的感觉。明暗对比强的景物令人有轻快、振奋的感受，明暗对比弱的景物则令人有柔和、沉郁的感受。由暗入明，感觉放松；由明入暗，感觉压抑。

⑥ 虚实的对比

园林绿地中的虚实常指园林中的实墙与空间，密林与疏林、草地，山与水的对比等。虚给人以轻松感，实给人以厚重感。水中有小岛，水体是虚，小岛是实，形成虚实对比，产生统一中求变化的效果。园林布局应做到虚中有实、实中有虚。

⑦ 色彩的对比

色彩的对比与调和包括色相和色度的对比与调和。色相的对比是指相对的两个补色产生对比效果，而相邻的两个色相产生调和的效果。色度的对比与调和产生于颜色深浅不同的变化，黑是深，白是浅，深浅变化即是黑到白之间的变化。深浅差异显著的为对比，不显著的则为调和。

⑧ 质感的对比

在园林绿地中，可利用材料质感的光滑与粗糙形成对比，增强效果。例如，植物之间因树种的不同而有粗糙与光洁、厚实与通透的不同；建筑材料则更是如此，如墙面未经处理的墙面粗糙，抹了灰浆的墙面则很光滑。

调和有相似调和与近似调和。

园林中形状相似而大小、排列或内容上有变化的，称为相似调和。当一个园景的组成部分重复出现时，如果在相似的基础上变化，也可产生调和统一感。相似调和也称统一调和。

近似调和是园林中近似的形体重复出现。例如，方形与长方形的变化、圆形与椭圆形的变化等都是近似调和。自然式园林中，起伏变化的山岳、蜿蜒的小河、曲折的园路、树林的林冠线与林缘线等都是统一在曲线之中的，给人以调和的美感。

在园林中，调和的表现是多方面的，如形态、色彩、线条、比例、虚实、明暗等，但主要是通过造景要素中的山石、水体、建筑、植物、道路、小品等的风格色调的一致而获得的。园林中的主体是植物，尽管各种植物在形态、体量、色彩上有差别，但总体上它们的共性多于差异，在绿色这个色调上得到了统一。园林建筑有的虽在平面、立面、体量、屋顶形式上存在差异变化，但可从色彩、风格、材料等方面取得相同，求得共同点。总之，凡利用调和手法取得统一的构图易达到含蓄与幽雅的美，比起对比强烈的景物更为安静。

（4）比例与尺度

比例体现的是事物的整体之间、整体与局部之间、局部与局部之间的一种关系。与比例相关联的是尺度，比例是相对的，而尺度涉及具体尺寸。园林中构图的尺度是景物、建筑物构件整体和局部要素与人或人所见的某些特定标准相符合的感觉。

比例与尺度受多种因素的影响，园林绿地构图除考虑组成要素，如建筑、山水等本身的比例尺度外，还要考虑它们互相间的比例尺度，使景物安排得宜、大小合适、主次分明、相辅相成、浑然一体。因此，园林绿地的功能不同，要求有不同的空间尺度和不同的比例。

（5）节奏与韵律

节奏就是景物简单地反复连续出现，通过运动而产生美感，如灯杆、花坛、行道树的重复产生节奏感。韵律则是节奏的深化，是有规律但又自由地起伏变化，从而产生富于感情色彩的律动感，使得风景、音乐、诗歌等产生更深的情趣和抒情意味。节奏是以统一为主的重复变化，韵律是以变化为主的多样统一。园林构图单体有规律的重复、有组织的变化，在序列重复中产生节奏，在节奏变化中产生韵律。

① 连续韵律

连续韵律是指在连续的风景构图中，由同种因素等距离反复出现的连续构图。例如，行道树、等高等宽的阶梯等。

② 交替韵律

交替韵律是指由两种以上因素交替等距离反复出现的连续构图。例如，两树种的行道树、两种不同花坛交替等距排列，一段踏步与一段平台交替等。

③ 渐变韵律

渐变韵律是指园林布局连续重复的部分，在某一方面做有规则的逐渐增加或减少所产生的韵律。例如，体积的大小、色彩的浓淡、质感的粗细等，也称为渐层。

④ 起伏曲折韵律

起伏曲折韵律是指表现在连续布置的山丘、建筑、道路、树木等起伏曲折变化遵循一定的节奏规律。

⑤ 拟态韵律

拟态韵律是指既有相同因素又有不同因素反复出现的连续构图。例如，外形相同的花坛布置不同的花卉。

⑥ 自由韵律

自由韵律是指某些要素或线条以自然流畅的方式，不规则但有一定规律地婉转流动、反复延续，呈现自然优美的韵律感，类似行云、溪流的表现方式。自由韵律的节奏和韵律是多方向的，如空间的一开一合、一明一暗，景色的鲜艳素雅、热闹幽静所产生的节奏感。

园林布局中，有时一个连续风景构图往往是多种节奏和韵律的综合运用。设计时，应根据园林功能、景观的要求适当选择和应用，从而取得最佳效果。

（6）多样统一

多样统一是形式美的基本法则。其主要意义是要求在艺术形式的多样变化中，要有内在的和谐与统一关系，要显示形式美的独特性，又要具有艺术的整体性。多样而不统一，必然杂乱无章；统一而无变化，则呆板单调。多样统一还包括形式与内容的变化与统一。风景园林是多种要素组成的空间艺术，要创造多样统一的艺术效果，可通过许多途径来达成。例如，形体、风格流派、图形线条、动势动态、形式内容、材料质地、线形纹理尺度比例、局部与整体等等的变化与统一。

（7）比拟与联想

园林绿地既是物质产品又是造型艺术，因此有人称其为"人工自然环境的塑造"。但园林艺术不仅要塑造自然环境，更应具有独到的意境设计，寓情于景，寓意于景，情景交融。意境设计的重要手段即是通过形象思维、比拟联想创造比园景更为广阔、久远、丰富的内容，增添无限的意趣。

① 模拟

模拟自然山水，创造小中见大、咫尺山林的意境，使人有真山真水的感受，但这种模拟不是简单的模仿，而且常常不是全部自然山水的模拟，而是经过艺术加工的局部模拟。

② 对植物的拟人化

运用植物的拟人化特性美、姿态美给人以不同的感染而产生比拟联想。例如：松、竹、梅为"岁寒三友"，象征不畏严寒、坚强不屈、气节高尚；梅、兰、竹、菊为"四君子"；枫，晚秋更红；荷，出淤泥而不染；等等。

③ 运用建筑、雕塑的造型创造比拟联想

这些造型常与历史事件、人物故事、神话小说、动植物形象相联系，使人产生艺术联想。例如，卡通式的小屋、蘑菇亭、月洞门、名人塑像、仿竹仿木坐凳、各种雕塑等。

④ 遗址访古产生联想

神话传说或历史故事的遗址或模拟遗址，会让人联想到当时的情景，产生联想。例如，杭州的岳坟、灵隐寺，武昌的黄鹤楼，成都的武侯祠、杜甫草堂等。

⑤ 风景题名题咏、对联匾额产生比拟联想

题名题咏不仅可对景物起到画龙点睛的作用，而且含义深、韵味浓、意境高，能使游人产生诗情画意的联想。例如，平湖秋月、曲院风荷、荷风四面亭、看松读画轩等。

二、园林绿地的规划布局

园林是由一个个、一组组不同的景观组成的，这些景观不是以独立的形式出现的，而是由设计者把各景物按照一定的要求有机组织起来的。在园林中，把这些景物按照一定的艺术规则有机组织起来，能创造一个和谐完美的整体，这个过程称为园林布局。

（一）园林布局的形式与特点

园林布局的形式是园林设计的前提，有了具体的布局形式，园林内部的其他设计工作才能逐步进行。园林布局形式的产生和形成是与世界各国家、各民族的文化传统、地理条件等综合因素的作用分不开的。园林的形式分为三类：规则式、自然式和混合式。

1.规则式园林

规则式园林又称整形式、几何式、建筑式园林。规则式园林的整个平面布局、立体造型以及建筑、广场、道路、水面、花草树木等都要求严格对称。在中世纪英国风景园林产生之前，西方园林以规则式为主。其中，以文艺复兴时期意大利台地园和19世纪法国勒诺特平面几何图案式园林为代表。我国的北京天坛、南京中山陵都采用规则式布局。规则式园林给人以庄严、雄伟、整齐之感，一般用于气氛较严肃的纪念性园林或有对称轴的建筑庭园中。

（1）总体布局

全园在平面规划上有明显的中轴线，并以中轴线的左右、前后对称布置，园地的划分大都成为几何形体。

（2）地形

在开阔、较平坦地段，由不同高程的水平面及缓倾斜的平面组成；在山地及丘陵地带，由阶梯式的大小不同的水平台地倾斜平面及石级组成，其剖面均由直线组成。

（3）水体

其外形轮廓均为几何形，主要是圆形和长方形，水体的驳岸多整齐、垂直，有时结合雕塑设计；水景的类型有整形水池、整形瀑布、喷泉及水渠运河等，是古代神话雕塑与喷泉构成水景的主要内容。

（4）广场和道路

空旷地和广场外形均为规则对称的几何形，主轴和副轴线上的广场形成主次分明的系统，道路为直线形、折线形或几何曲线形。广场与道路构成方格形、环状放射形、中轴对称或不对称的几何布局。

（5）建筑

主体建筑群和单体建筑多采用中轴对称均衡设计，多以主体建筑群和次要建筑群形成与广场、道路相组合的主轴、副轴系统，形成控制全园的总格局。

（6）种植设计

植物配置以等距离行列式、对称式为主，树木的修剪多模拟建筑形体、动物造型，绿篱、绿墙、绿柱为整齐的规则式形式。园内常运用绿篱、绿墙和丛林划分和组织空间，花卉布置常以图案式为主的花坛和花带，有时布置成大规模的花坛群。

（7）其他景物

以盆树、盆花、饰瓶、雕像为主，雕像基座为规则式，雕塑常与喷泉、水池构成水体的主景。位置多处于轴线的起点、终点或交点上。

2.自然式园林

自然式园林又称风景式、不规则式、山水式园林。中国园林从周朝开始，经历代的发展，不论是皇家宫苑还是私家宅园，都是以自然山水园林规划设计为源流。保留至今的皇家园林，如北京颐和园、承德避暑山庄；私家宅园，如苏州的拙政园、网师园等都是自然山水园林的代表作品。自然式园林以模仿、再现自然为主，不追求对称的平面布局，立体造型及园林要素布置均较自然和自由。

（1）总体布局

一般采用山水布局手法，模拟自然，将自然景色与人工造园艺术巧妙结合。全园不以轴线控制，而以主要导游线构成连续构图控制整体。

（2）地形

自然式园林的创作讲究"相地合宜，构园得体"。主要处理地形的手法是"高方欲就亭台，低凹可开池沼"的"得景随形"。自然式园林规划设计最主要的地形特征是"自成天然之趣"，因此在园林中，要求再现自然界的山峰、山巅、崖、岗、岭、峡、岬、谷、坞、坪、穴等地貌景观。在平原，要求自然起伏、和缓的微地形。地形的剖面线为自然曲线。

（3）水体

这种园林的水体讲究"疏源之去由，察水之来历"，园林规划设计水景的主要类型有湖、池、潭、沼、汀、溪、涧、洲、渚、港、湾、瀑布、跌水等。总之，水体要再现自然界水景，水体的轮廓为自然曲折，水岸为自然曲线的倾斜坡度，驳岸主要用自然山石驳岸、石矶等形式。但在建筑附近或根据造景需要也可以用条石砌成直线或折线驳岸。

（4）广场与道路

园林中的空旷地和广场的外形轮廓为自然式布置，道路的走向和布置多随地形。道路的平面和剖面多由自然起伏曲折的平面线和竖曲线组成。

（5）建筑

建筑群或大规模的建筑组群多采用不对称均衡的布局。全园不以轴线控制，但局部仍有轴线处理。中国自然式园林中的建筑类型有亭、廊、榭、舫、楼、阁、轩、馆、台、塔、厅、堂、桥等。

（6）种植设计

自然式园林中植物种植要求反映自然界的植物群落之美，不成行成列栽植。树木一般不修剪，植物配植以孤植、丛植、群植、林植为主要形式。花卉的布置以花丛、花群为主要形式。

（7）其他景物

多以山石、假山、桩景、盆景、石刻、木刻、雕塑为主要景物，雕塑基座为自然式，其位置多位于透视线的焦点上。

3.混合式园林

所谓混合式园林，指以规则式、自然式交错组合，全园没有或形不成控制全园的主轴线和副轴线，只有局部景区、建筑以中轴对称布局，或全园没有明显的自然山水骨架，形不成自然格局。混合式园林多结合地形，在原地形平坦处，根据总体规划需要安排规则式的布局。在原地形条件较复杂、具备起伏不平的地带，结合地形规划成自然式。类似上述两种不同形式规划的组合就是混合式园林。

（二）园林布局形式的确定

1.根据园林的性质

不同性质的园林必然有不同的园林形式，才能反映不同的园林特性，即通过布局形式反映其园林特有的性质。例如，纪念性园林、植物园、动物园、儿童公园等，由于各自的性质不同，决定了各自与其性质相对应的园林形式。又如，广州起义烈士陵园、南京雨花台烈士陵园、长沙烈士陵园、德国柏林的苏军烈士陵园等，都是纪念性园林，这类园林布局形式多采用中轴对称、规则严整和逐步升高的地形处理，从而创造出雄伟崇高、庄严肃穆的气氛。而动物园主要属于生物科学的展示范畴，要求公园给游人以知识和美感，因此从规划形式上，要求自然、活泼，创造寓教于游的环境。儿童公园更要求形式新颖、活泼、色彩鲜艳、明朗，公园的景色、设施与儿童的天真、活泼性格协调。园林的形式服从于园林的内容，体现园林的特性，表达园林的主题。

2.根据不同文化传统

由于各民族、国家之间的文化、艺术传统的差异，决定了园林形式的不同。中国由于传统文化的沿袭，形成了自然山水园的自然式园林。而同样是多山国家的意大利，由于其传统文化和本民族的艺术水准和造园风格，即便是自然山地条件，意大利的园林却采用规则式布局。

3.根据不同的意识形态

西方流传着许多希腊神话，描写的神实际上是人，结合雕塑艺术，在园林中会把神像布置在轴线上，或轴线的交叉中心，特别是裸体的雕塑是西方园林雕塑的代表。而中国传统的道教，虽有传说描写的神仙，但在园林中，神仙是供奉在殿堂之内的，更没有裸体之说。这就说明不同的意识形态决定了不同的园林表现形式。

4.根据不同的环境条件

由于地形、水体、土壤、气候的变化和环境的差异，公园规划实施中很难做到绝对规则式和绝对自然式。在建筑群附近的公园，采用规则式布置；在远离建筑群的地区，自然式布置则较为经济和美观，如北京中山公园。在规划中，如果原有地形较为平坦，自然树木少，面积小，周围环境规则，就以规则式为主；如果原有地形起伏不平，水面和自然树林较多，面积较大，则以自然式为主。林荫道、建筑广场、街心公园等多以规则式为主，大型居住区、工厂、体育馆、大型建筑物四周绿地则以混合式为宜，森林公园、自然保护区、植物园等以自然式为主。

（三）园林空间艺术布局

1.园林静态空间的艺术布局

静态风景是指游人在相对固定的空间内所感受到的景观。这种风景是在相对固定的范围内观赏到的，因此，其观赏位置和效果之间有着内在的影响。

在一个相对独立的环境中，有意识地进行构图处理就会产生丰富多彩的艺术效果。

（1）静态空间的视觉规律

① 视距规律

一般正常人的清晰视距为25～30m，对景物细部能够看清的视距为40m左右，能分清景物类型的视距为250～300m。当视距在500m左右时，只能辨认景物的轮廓。因此，不同的景物应有不同的视距。

② 视域规律

正常人的眼睛在观赏静物时，其垂直视角为130°，水平视角为160°；但能看清景物的水平视角在45°以内，垂直视角在30°以内，在这个范围内视距为景物宽度的1.2倍。在此位置观赏景物效果最佳，但这个位置毕竟是有限的范围，还要使游人在不同的位置观景。因此，在一定范围内须预留一个较大的空间，安排休息亭榭、花架等以供游人逗留及徘徊观赏。即使在静态空间内，也要允许游人在不同部位赏景。建筑师认为，对景物观赏的最佳视点有三个位置，即垂直视角为18°（景物高的3倍距离）、27°（景物高的2倍距离）、45°（景物高的1倍距离）。

园林中的景物在安排其高度与宽度方面必须考虑观赏视距问题。一般对于具有华丽外形的建筑，如楼、阁、亭、榭等，应在建筑高度1～4倍的地方布置一定的场地，以供游人在此范围内以不同的视角来观赏建筑。而在花坛设计时，独立性花坛一般位于视线之下，当游人远离花坛时，所看到的花坛面积变小，不同的视角范围内其观赏效果是不同的。当花坛的直径在9～10m时，其最佳观赏点的位置距花坛2～3m；如果花坛直径超过10m时，平面形的花坛就应改成斜面的，其倾斜角度可根据花坛的尺寸来调整，但一般为30～60°效果最佳。

在纪念性园林中，一般要求垂直视角相对要大些，特别是一些纪念碑、纪念雕像等，为增加其雄伟高大的效果，要求视距要小些，且把景物安排在较高的台地上，这样更能增加景物的感染力。

③ 不同视角的风景效果

在园林中，景物是多种多样的，不同的景物要在不同的位置来观赏才能取得最佳效果。一般根据人们在观赏景物时垂直视角的差异，可分为平视风景、仰视风景和俯视风景三类。

A.平视风景

平视风景是指游人头部不必上仰下俯，就可以观赏的风景。这种风景的垂直视角在以视平线为中心的30°范围内，观赏这种风景没有紧张感，给人一种广阔宁静的感觉，空间的感染力特别强。这种风景一般用在安静休息处、休息亭廊、休养场所。在园林中，要创造的宽阔水面、平缓的草坪、开辟的视野和远望的空间常以平视的观赏方式来安排。

B.仰视风景

一般认为当游人在观赏景物，其仰角大于45°时，由于视线的消失，景物对游人的视觉产生强烈的高度感染力，在效果上可以给人一种特别雄伟、高大和威严的感觉。仰角为62°时，给人一种高耸入云之感，同时也让人感到自我的渺小。仰景的造景方法一般在纪念性园林中使用较多，经常采用把游人的视距安排在主景高度的1倍以内的方法，不让游人有后退的余地，这是一种运用错觉，使对象显得雄伟高大的方法。

假山造景也常采用这种方法，为使假山给人一种高耸雄伟的感觉，并非从假山的高度上着手，而是从安排视点位置着眼，也就是把视距安排很小，使视点不能后退，因而突出了仰视风景的感染力。

C.俯视风景

当游人居高临下、俯视周围景观时，其视角在人的视平线以下，这种风景给人以"登泰山而小天下"之感。这种风景一般布置在园林中的最高点位置，在此位置一般安排亭廊等建筑，居高临下，创造俯视景观。

在创造这种风景时，要求视线必须通透，能够俯视周围的美好风景。如果通视条件不好，或者所看到的景物并不理想，这种俯视的效果也不会达到预期的目的。

创造仰视、俯视和平视的风景，需要结合自然条件，充分利用平地、山地、河湖等地形变化，通过合理的园林布局，以供人们从不同角度欣赏的园林风景。例如，杭州西湖十景中最著名的"三潭印月"为平视效果，灵隐景区中的韬光寺为仰视风景，而华山、泰山等为著名的俯视风景。

（2）开朗风景与闭锁风景的处理

① 开朗风景

园林绿地空间感的强弱主要决定于空间境界物的高度和视点到境界物的水平距离，也就是视距与高度的比值。比值越大，视野越开阔，这样的风景为开朗风景，这样的空间为开朗空间。很多开朗风景中，在视域范围内的一切景物都在视平线高度以下，视线可以无限延伸到无穷远的地方，视线平行向前，不会让人产生疲劳的感觉。同时，可使人感到目光宏远、心胸开阔、壮观豪放。李白的"登高壮观天地间，大江茫茫去不还"，正是开朗风景的真实写照。

在很多园林中，开朗风景是利用提高视点位置，使视线与地面形成较大的视角来提高远景的辨别率的。开朗风景由于人们视线低，在观赏远景时常模糊不清，有时见到大片单调的景观，又会使风景的艺术效果变差。因此，在布局上应尽量避免这种单调性。

② 闭锁风景

当游人的视线被四周的树木、建筑或山体等遮挡住时，所见的风景就为闭锁风景。景物顶部与人的视平线之间的高差越大，闭锁性越强；反之，则越弱。这也与游人和景物的距离有关，距离越小，闭锁性越强，距离越大，则闭锁性越弱。闭锁风景的近景感染力强，四面景物可谓琳琅满目，但长时间的观赏又易使人产生疲劳感。例如，北京颐和园中的谐趣园内的风景均为闭锁风景。一般在观赏闭锁风景时，仰角不宜过大，否则就会使人感到过于闭塞。另外，闭锁风景的效果受景物的高度与闭锁空间的长度、宽度的比值影响较大，也就是景物所形成的闭锁空间的大小。当空间的直径大于10倍周围景物的高度时，其效果较差。一般要求景物的高度是空间直径的1/6 ~ 1/3，让游人不必抬头就可以观赏到周围的建筑。如果广场直径过小而建筑过高都会产生较强的闭塞感。

在园林中的湖面、空旷的草地等周围种植树木所构成的景观一般多为闭锁风景。在设计时，要注意其空间尺度与树体高度的问题。

③ 开朗风景与闭锁风景的对立统一

开朗风景与闭锁风景在园林风景中是对立的两种类型。但是，不管是哪种风景，都有不足之处，因此，在风景的营造中不可片面地追求强调某一风景，二者应是对立与统一的。开朗风景缺乏近景的感染力，在观赏远景时，其形象和色彩不够鲜明；长久观赏闭锁风景又易使人感到疲劳，甚至产生闭塞感。因此，园林构图时要做到开朗中有局部的闭锁，闭锁中又有局部的开朗，两种风景应综合应用。开中有合，合中有开，在开朗的风景中适当增加近景，增强其感染力；在闭锁的风景中，可通过漏景和透景的方式打开过度闭锁的空间。

在园林设计时，大面积的草坪中央可用孤立木作为近景，在视野开阔的湖面上可用园桥或岛屿来打破其单调性。著名的杭州西湖风景区为开朗风景，但湖中的三潭印月、湖心亭以及苏、白二堤等景物增加了其闭锁性，形成了秀美的西湖风景，达到了开朗与闭锁的统一。

2.园林动态空间的艺术布局

对于游人来说，园林是一个流动的空间，一方面表现为自然风景的时空转换，另一方面表现在游人步移景异的过程中。前面提到园林空间的风景界面构成了不同的空间类型，那么不同的空间类型组成有机整体，并对游人构成丰富的连续景观，这就是园林景观的动态序列。动态景观是由一个个序列丰富的连续风景形成的。

（1）园林空间的展示程序

中国古典园林多数有规定的出入口及行进路线，有明确的空间分隔和构图中心，有主次分明的建筑类型和游想范围，形成了一种景观的展示程序。园林空间展示程序一般有以下三种：

① 一般序列

一般序列有两段式或三段式之分。两段式就是从起景逐步过渡到高潮而结束，如一般纪念陵园从入口到纪念碑的程序。苏军反法西斯纪念碑就是从母亲雕像开始，经过碑林辅道、旗门的过渡转折，最后到达苏军战士雕塑的高潮而结束。三段式的程序具有较复杂的展出程序，大体上分为起景—高潮—结景三个段落。在此期间还有多次转折，由低潮发展为高潮景序，接着又经过转折、分散、收缩以至结束。例如，北京颐和园首先从东宫门进入，以仁寿殿为起景，穿过牡丹台转入昆明湖边豁然开朗，再向北通过长廊的过渡到达排云殿，再拾级而上直到佛香阁、智慧海，到达主景高潮；然后向后山转移再游后面的谐趣园等园中园，最后到北宫门结束。除此之外，还可至知春亭，向南通过十七孔桥到湖心岛，再乘船北上到石舫码头，上岸再游主景区。无论怎么走，均是一组多层次的动态展示序列。

② 循环序列

为了适应现代生活节奏的需要，多数综合性园林或风景区采用了多个入口、循环道路系统，多景区景点划分（也分主次景区），分散式游览线路的布局方法，以容纳成千上万位游人的活动需求。因此，现代综合性园林或风景区是采用主景区领衔、次景区辅佐、多条景观展示的序列。各序列环状沟通，以各自入口为起景，以主景区主景物为构图中心。以综合循环游览景观为主线以方便游人、满足园林功能需求为主要目的来组织空间序列，这已成为现代综合性园林的特点。

③ 专类序列

以专类活动内容为主的专类园林有着它们各自的特点。例如，植物园多以植物演化系统组织园景序列：从低等到高等，从裸子植物到被子植物，从单子叶植物到双子叶植物或按照哈钦森或恩格勒系统，或克朗奎斯特系统等。还有不少动物园因地制宜创造自然生态群落景观形成其特色。例如，动物园一般从低等动物到鱼类、两栖类、爬行类到鸟类、食草、食肉及哺乳动物，以及国内外珍奇动物乃至灵长类高级动物等，形成完整的景观序列，并创造出以珍奇动物为主的全园构图中心。某些盆景园也有专门的展示序列，如盆栽花卉与树桩盆景、树石盆景、山水盆景、水石盆景、微型盆景和根雕艺术等，这些都为空间展示提出了规定性序列要求，故称其为专类序列。

（2）风景园林景观序列的创作手法

景观序列的形成要运用各种艺术手法，无论哪种手法都离不开形式美的法则。同时，对园林的整体来说固然存在风景序列，但在园林的各项具体造型艺术上，也同样存在序列布局的影子，如林荫道、花坛组、建筑群组、植物群落的季相配植等。

① 风景序列的主调、基调、配调和转调

序列是由多种风景要素有机组合并逐步展现出来的，在统一的基础上求变化，又在变化之中见统一，这是创造风景序列的重要手法。以植物景观要素为例，作为整体背景或底色的树林可谓基调，作为某序列前景和主景的树种为主调，配合主景的植物为配调，处于空间序列转折区段的过渡树种为转调。

② 风景序列的起结开合

作为风景序列的构成，可以是地形起伏的水系环绕，也可以是植物群落或建筑空间，无论是单一的还是复合的，总应有头有尾、有放有收，这也是创造风景序列常用的手法。以水体为例，水之来源为起，水之去脉为结，水面扩大或分支为开，水之溪流又为合。这与写文章相似，用来龙去脉表现水体空间之活跃，以收放变换而创造水之情趣，这种传统的手法，普遍见于古典园林之中。

③ 风景序列的断续起伏

这是利用地形地势变化而创造风景序列的手法之一，多用于风景区或郊野公园。一般风景区山水起伏，游程较远，于是将多种景区景点拉开距离，分区段布置，在游步道的引导下，景序断续发展，游程起伏高下，从而取得引人入胜、渐入佳境的效果。例如，泰山风景区从红门景区开始，路经斗母宫、柏洞、回马岭来到中天门景区，就是第一阶段的断续起伏终点；继而经快活三（里）、步云桥、升仙坊直到南天门，为第二阶段游的起伏终点；又经过天街、碧霞祠，直达玉皇顶，再去后石坞等，这又是第三阶段的断续起伏。

④ 园林植物景观序列的季相与色彩布局

园林植物是风景园林景观的主体，然而植物又有独特的生态规律，在不同的立地条件下，可利用植物个体与群落在不同季节的外形与色彩变化，配以山石水景、建筑街道等，形成绚丽多姿的景观效果和展示序列。例如，扬州个园内春植青竹，配以石笋；夏种槐树、广玉兰，配以太湖石；秋种枫树、梧桐，配以黄石；冬植蜡梅、天竹，配以白色英石，并把四景分别布置在游览线的四个角落里，则在咫尺庭院中创造了四时季相、景序。一般园林中，常以桃红柳绿表春，浓荫白花主夏，黄叶红果属秋，松竹梅花为冬。在更大的风景区或城市郊区的园林风貌序列中，更可以创造春游梅花山、夏渡竹溪湾、秋去红叶谷、冬踏雪莲山的景象布局。

第二章　园林构成要素及设计

第一节　园林地形处理

园林地形是园林空间的构成基础，与园林的性质、形式、功能和景观效果有直接关系，也涉及园林的道路系统、建筑与构筑物、植物配置等要素的布局。可以说，园林地形处理是园林规划设计的关键。园林地形可分为陆地和水体。

一、陆地

园林中的陆地按地质材料、标高差异的不同，可分为平地、坡地和山地。

（一）平地和坡地

平地要有0.5%以上的排水坡度，以免积水。平地的排水以道路两侧的明沟排水为主。自然式园林中的平地面积较大时，可有起伏的缓坡，坡度在7%；坡地的坡度要在土壤的自然安息角内，一般为20%。如有草地，护坡也不超过25%。平地是组织开敞空间的有利条件，也是游人集中、疏散的地方，人们可以在这里进行文化体育活动。在现代园林中，人多而集中，活动内容丰富。所以平地面积须占全园面积的30%以上，且须设计一两处甚至多处较大的平地。在大型的公共园林中，平地面积宜大不宜小；在附属绿地中，视单位的性质、绿地的性质和功能而定。具体可参照不同绿地的设计规范决定，如城市的综合性公园——杭州的花港观鱼、柳浪闻莺，城市广场——长沙的五一广场、芙蓉广场，城市沿江风光带——长沙的湘江风光带，附属绿地——学校的文化广场、政府机关的前广场等，保证人们在绿地内进行正常的文化娱乐活动，而绿地不被破坏。

1.平地

平地可视为陡坡或山地与水体的过渡地带，常以冲积性平地景观出现在园林中。平地的地面处理有以下几种形式：

（1）土壤地面。可设在林中，以疏林沙地的形式进行设计，林以乔木（针叶、阔叶均可）居多，其中以落叶林为最佳。如武汉海军学院的水杉林土壤地面、华中地区的古香樟土壤地面。

（2）沙石地面。为防止地表径流对土壤的冲刷，采用三合土的形式或在地质条件较好的地段，直接在地面上铺撒一层沙砾，作为人们的活动场所或风景游憩地。沙石地面在风景名胜区应用比较多，如自然风景区的山麓人工平地、湖河滩地等。

（3）铺装地面。这种地面形式在园林中应用最为广泛，主要是指园林中的道路、广场等处，可进行规则形式铺装，也可进行自然形式铺装。铺装材料依所设计的环境氛围而定，有天然材料和人工材料两种；一般采用天然的乡土材料，在材料质感、色彩等方面容易与环境协调。

（4）植被地面。主要指园林中的草地、稀树草地、疏林草地，可供游览观赏，也可进行一定的文化娱乐活动。

2.坡地

（1）缓坡。坡度在8%～12%之间，可设计适当的活动内容。在园林地形设缓坡，缓坡地可视为平地与陡坡或山地的过渡地带。

（2）陡坡。坡度在12%～30%之间，游人不能在上面集中活动，但可结合露天剧场、球场的看台设置，也可配置疏林或花台。一般是平地与山地之间的过渡地带，以丘陵景观出现在园林中。设计元素有露岩、山道、悬崖等，常配置山石、灌木丛，如杭州花港观鱼公园牡丹亭景区的陡坡。

（二）山地

山地是自然山水园林中的主要组成部分。不管园林大小，山地都是园林竖向景观的表现内容。国内许多园林的主景或景点是以山体为主的，如苏州的沧浪亭、北京的景山公园和颐和园、"五岳"风景名胜区。园林中的山地大多是利用原有地形、土方，经过适当的人工改造而成；城市中的平地园林多以挖湖的土方堆山。山地面积应低于总面积的30%。

1.山地的类型

山地依构成材料分，可为土山、石山、土石山。

2.山地的布局

（1）山体的位置

园林中山体的安排主要有两种形式：一种是居于全园的重心，这种布局一般在山体的四周或两面都须有开敞的平地或水域，使山体形成大空间的分隔。可登临的山峰、山岭构成全园的竖向构图中心，并可与平地和水域以外的、近园墙的山冈形成呼应的整体，如北京的紫竹院公园。另一种是居于全园的一角，以一侧或两侧为主要景观面，构成全园的主要构图中心。一般在一些小型园林或单位附属园林中多见，山体以假山为多。

（2）山体的构成

园林中的山体形态与平地、陡坡及岗地应浑然一体，忌孤峰独起。园林须借用山体构成多种形态的山地空间，山地要有峰、有岭、有沟谷、有岗地，要有高低对比，又要有蜿蜒连绵的调和，岗地与平地使山体、山地似断非断、似连非连。山体要"横看成岭侧成峰，远近高低各不同"，力求高低起伏，层次丰富；山道须"之"字形回旋而上，或陡或缓，富于韵律；适时适地设置缓台及远观的亭、台等建筑设施，山道要与山体植物绿化相结合，使游人在行进中时露时隐，视线时放时收；在陡峭处设保护设施，要充分利用山地的空间特点，运用山洞、隧道、悬崖、峡谷构成垂直空间、纵深空间与倾斜空间效果，使游人领略大自然的艰险境界。

二、水体

水是园林的重要组成元素，不论是西方的古典规则园林还是中国的自然山水园林，不论是北方的皇家园林，还是小巧别致的江南私家园林，凡是具备条件的，都引水入园创造园林水景，甚至建造以水为主体的水景园。

（一）园林水体的功能特点

1.园林水体具有调节空气湿度和温度的作用，又可溶解空气中的有害气体，起到净化空气的作用。

2.大多数园林中的水体具有蓄存园内自然排水的作用，有的还具有对外灌溉的作用，有的又是城市水系的组成部分。

3.园林中的大型水面，可进行水上活动，除供人们划船游览之外，还可为水上运动、比赛提供场所。

4.园林的水面又是水生植物的生长地域，可增加绿化面积和园林景观。

（二）园林水体的景观特点

1.有动有静

宋代画家郭熙在《林泉高致》中指出："水，活物也，其形欲深静，欲柔滑，欲汪洋，欲回环，欲肥腻，欲喷薄……此水之活体也。"描绘出了水的动与静的情态。水平如镜的水面表现出平静、安逸、清澈的环境和情感，飞流直下的瀑布与翻滚的漂水又具有强烈的动势。

2.有声有色

瀑布的轰鸣、溪水的潺潺、泉水的叮咚，这些模拟自然的声响给人以不同的听觉感受，构成园林空间的特色。如果将水景与人工灯光配合，也会产生很好的喷泉水景效果。

3.水体有扩大空间景观的特点

古诗云："溪边照影行，天在清溪底。天上有行云，人在行云里。""天欲雪，云满湖，楼台明灭山有无。"水边的山体、桥石、建筑、植物等临水景观、离水景观都会形成"湖光山色"。很多古典园林为克服因面积小所带来的视觉阻塞，采用较大的水面集中建筑周边布局，用水面扩大视域感，如颐和园的昆明湖、谐趣园以及苏州的网师园。

（三）园林水体的表现形式

园林中的水体布局可分为集中与分散两种形式。多数是集中与分散相结合，纯集中或分散的占少数。若小型绿地游园和庭院中的水景设施很小，则集中与分散的对比关系很弱，不宜用模式定性。

1.集中形式

集中形式又可分为以下两种：

（1）整个园林以水面为中心，环水四周设置建筑、山石、地形等景观构筑，形成一种向心、内聚的格局。这种布局形式，可使有限的小空间具有开朗的效果，使大面积的园林具有"纳千顷之汪洋，收四时之烂漫"的气概，如杭州植物园的山水园景区、颐和园的谐趣园，水面居中，四周的建筑以回廊相连，外以岗地环抱，虽面积不大，却能让人感到空间的开朗。

（2）水面集中于园林的一侧，形成山环水抱或山水各半的格局，如颐和园的昆明湖。

2.分散形式

分散形式是将水面分割并分散成若干小块状和条状。彼此之间明通或暗通，可以形成各自独立的小空间与其他空间实隔或虚隔，也可形成曲折、开合与明暗变化的带状溪流、小河，具有水陆迂回、岛屿间列、小桥凌波的水乡景观。在同一园林中有集中、有分散的水面可以形成强烈对比，更具有自然野趣。正如《园冶·相地篇》中所描绘的"江干湖畔，深柳疏芦之际，略成小筑，足征大观也。悠悠烟水，澹澹云山，泛泛渔舟，闲闲鸥鸟……"在规则园林中，水体形状多为几何形状，水岸为垂直砌筑驳岸；自然山水园林中，水体形状多呈自然曲线，水岸也多为自然驳岸。建筑物、构筑物的基础例外。在现代园林中，水体的形状多为流线型曲线。

（四）园林水体景观的类型

1.规则水景

规则水景主要有河（运河式）、水池、喷泉、涌泉、壁泉、规则式瀑布和跌水等。

2.自然水景

河、湖（海）、溪、涧、泉、瀑布以及自然式水池。

（五）园林水体景观的建筑和构建物

园林中的集中形式的水面也须运用分隔与联系的手法，增加空间层次，在开敞的水面空间造景。其主要形式有岛、堤、桥、汀步、建筑和植物。

1.岛

岛在园林中可以划分水面空间，可使水面形成几种情趣的水域，水面之间仍有连续的整体性。尤其是在较大的水面中，可以打破水面平淡的单调感。岛居于水中，呈块状陆地，四周有开敞的视觉环境，是欣赏四周风景区的中心点，同时又是被四周观望的视觉焦点，可在岛上对岸边设对景岛，既可以增加水面的空间层次，又可以划分水面，建立"三山五池"的意境。同时，岛又可以形成对景、分景、障景，丰富园林空间。可通过桥、廊等越水构筑物，增加游览情趣。因岛内小气候较好，可以在岛上种植一些落叶观花植物，形成春景、秋景和冬景；也可以设置一些观鱼、赏月、闻花、听风以及踏青等景观设施；还可以在岛上设计广场、露天剧场等。

（1）岛的类型

① 山岛：即在岛上设山，抬高登岛的视点。有以土为主的土山岛和以石为主的石山岛。土山不宜过高，宜地势平缓，宜用植物造景，丰富山体的层次和色彩；石山可以设计悬崖峭壁、瀑布、洞等，只宜小巧，不宜过大。山岛以土石山最为理想。山岛上可设置建筑，形成对景。

② 平岛：岛上不堆山，以高出水面的平地为主，地形可有和缓的起伏变化，因有较大的活动平地平岛适于安排大众性活动，可设大众性集会广场、草地、疏林草地。

③ 半岛：半岛是陆地伸入水中的一部分，一面接陆地，三面临水。半岛端点可适当抬高成石矶，矶下有部分平地临水，可上下眺望，又有竖向的层次感，也可在临水的平地上建廊、榭探入水中。半岛上可设广场（下沉式、抬升式），可依照地形而定。

④ 礁：是水中散置的点石，石体要求玲珑奇巧或浑圆厚重，作为水中的孤石欣赏，不许游人登上。

（2）岛的布局

水中设岛忌居中与整形。一般多设于水的一侧或重心处。大型水面可设 1～3 个大小不同、形态各异的岛屿，不宜过多。岛屿的分布须自然疏密，与全园景观的障景、借景结合。岛的面积视水面的面积而定，宁小勿大。

2.堤

堤是将大型水面分隔成不同大小、不同景色的陆地。堤上设道，道中间可设桥与涵洞，沟通两边水体；如果堤长，可设桥，桥的大小和形式应有变化。堤不能居中，只能位于水体的一侧，也有结合拦坝设过水堤（过水坝）这种情况。堤上可设亭、花架、廊等休息性设施，比如杭州西湖的苏堤、白堤。

3.桥与汀步

小水面的分隔和近距离的浅水处多用汀步，岛与陆地或小水面的地岸连接可用桥。在较大的水面上，可在岛与陆地的最近处建桥，小水面可在两岸最窄的地方建桥。桥与汀步不能将水体平均一分为二。桥有平桥、拱桥、直桥、曲桥等。

4.水岸

园林的水岸处理与水景效果关系很大。水岸有缓坡、骋坡、垂直和垂直出挑。在坡度小于土壤安息角时，可利用土壤的自然坡度，为防止水浪冲刷和地表径流的冲刷，可以种植草地和地被植物，也可采用人工砌筑硬质材料护坡。当土壤坡度大于土壤安息角时，须以人工砌筑保护性的驳岸。驳岸有规则形式和自然形式两种，规则形式的驳岸是以石料、砖、预制件砌筑而成的整形岸壁，自然形式的驳岸是用山石、植物、草地等构筑而成。自然式驳岸线要富于变化。较小水面的水岸一般不宜有较长的直线，岸面不宜离水面太高。假山石岸常在凹凸处设石矶，挑出水面；或设洞穴，似水源出处。在石穴缝间植藤蔓，使其布于沿岸、低垂水面。在建筑临水处可凸出数块叠石种灌木。

5.水井

水井是一种古老的取水方式，井边可设亭、廊等建筑物。

6.溪、涧

溪、涧在自然界中是由山间至山麓，集山上的地表水或泉水而成。溪水浅、缓、阔，涧水深、急、窄。园林中的人工溪涧要集自然溪涧的特征，应弯曲、萦回于山林岩石之间，环绕盘留于亭榭之侧，穿岩入洞；在整体上要有分有合、有收有放、有跳动有平缓，构成多变的水流。现代园林中常采用循环用水的形式。

第二节　园林建筑与小品设计

园林建筑既有使用功能，又是园林景观的重要组成内容，往往具有画龙点睛的作用，所以，园林建筑的布局与选址是园林整体构图的重点。

一、园林建筑的类别

园林建筑可按使用功能分类，也可按不同的传统形式风格分类，还可按使用材料分类。

（一）游览休息类

这类型的园林建筑是各种性质园林所共有的，尤其在中国古典园林中最为突出。

1.亭

《园冶》中说："亭者，停也，所以停憩游行也。"亭是园林中最为常见的，供人们休息、眺览、遮阴、避雨的点景建筑。

亭的形式很多，从平面上分，有圆亭、方亭、三角亭、六角亭、八角亭、扇亭及双亭；从亭顶形式分，有攒尖顶、平顶、歇山顶、单檐、三重檐、褶板顶；从位置分，有山亭、半山亭、桥亭、沿水亭、靠墙的半亭、路亭、碑亭、井亭；从表达的内涵分，有仿古亭和现代亭；从使用的材料分，有木亭、石亭、砖亭、茅亭、竹亭、钢筋混凝土亭、钢结构亭。亭主要分布于山顶、山腰、山麓、水际、林中、林缘、草地、广场、路边。

2.廊

廊指带状的室内道路，可走、可停、可眺望、能遮阴避雨，大多是其他单体建筑的连接通道，具有围合与分隔空间的作用，是创造虚实空间、增加景观层次效果的结构材料。

按平面形状分，有直廊、曲廊、回廊；按廊顶形式分，有卷棚两坡顶、硬脊两坡顶、平顶；按结构形式分，有两面柱空廊、一面柱的柱廊、一面墙或漏花墙的半廊、中间设窗框墙的复廊、墙与柱交替变化的外廊、两侧装窗扇的暖廊及阁道式的双层廊；按位置分，有沿墙走廊、爬山廊、水廊、桥廊。

3.榭

《园冶》谓："榭者，藉也。藉景而成者也，或水边，或花畔，制亦随态。"目前园林中的榭多居水边，沿岸边挑出水面一部分，或有平台挑出，设美人靠、桌椅，可品茶、观水景。向水一面为开敞空间，视线舒畅，背水一面为闭锁空间，也可以用花地或草地构成开敞空间。

4.舫

舫也称不系舟、旱船，是仿"湖中画舫"的、大部分伸入水中的舫式建筑。这是中国古典园林中喜用的景观建筑。沿水观景的目的与水榭相同，但在视野的阔展上和室内外空间的变化上更胜一筹。

5.厅堂

厅堂是园林中的主体建筑。在中国古典园林中，多设在平面构图中心的正阳面，正所谓"堂者，当也。谓当正向阳之屋，以取堂堂高显之义"。可正面或前后设门窗，也可四面设门窗，四周设廊。厅堂在现代园林中多用作展览室、纪念馆等。

6.楼阁

楼阁是园林中的高层建筑，为登高远望和突出主景之用，要求有开敞的空间和视景线。可设于平面构图中心的区域，也可设于山腰、水际，可做茶室、餐厅和纯游览之用。其他如斋、轩、馆等形式，在现代园林中的使用比楼阁更为广泛，可归入其他类。

（二）文教类

1.动物展览馆、舍

如水禽馆、爬虫馆、鸟舍、象房、海豹池、熊山、猴山等。

2.植物展览温室

如花卉展览温室、遮阳棚、盆景园、标本室等。

此外还有阅览室、陈列室、纪念馆、露天影剧院、宣传廊及各类文物保护性建筑。

（三）游艺类

主要有游艺室、棋艺室、健身房、音乐、舞厅、游泳池、球场、溜冰场、游船码头及大型的游艺设施。

（四）服务类

主要有餐厅、茶室、小吃部或小卖部、摄影部、厕所等。

（五）管理与构筑类

主要有办公室、仓库、水塔、闸门、生产温室、车库、园门、驳岸、挡土墙等。

二、园林小品设施

所谓园林小品，从使用功能、体量、景观效果等方面区分，有很多内容。在园林中具有明显作用的主要有以下几种：

（一）花架

花架从工程量讲近于亭廊，只是无顶。主要任务是作为攀缘植物的棚架，故归入小品。实际上，除不能避雨外，在景观的主要效果和组织空间、遮阳、提供休息等方面都与亭廊相同。如有植物攀缘，更具有特色。在构造形式上很近似于廊，它可以与其他小品相结合。如：设置坐凳，花架的柱间可设花坛、漏花窗，花架的桁条也可以直接装在实墙上。花架可以单独存在，形式多种多样；也可与其他建筑合成为建筑的延续部分。如以花架连接水榭与亭，用廊与花架交替变换等。花架可爬山、可傍水，具有更强的园林情趣。

（二）园椅

园椅、园凳常与圆桌相配，更多的是独立存在。它的主要功能是供人们坐、休息，它在园林中分布很广，道路上可设，广场中可设，建筑中可设，水畔可设，林缘可设，林中亦可设。它所采用的材料与形式也变化多样，在不同环境可有不同的表现。在山道旁、水际以自然的石条石块叠砌而成，或用混凝土模拟树桩，与环境相吻合、协调、统一。在树池处，围绕树桩设置坐凳，可坐，可靠，可乘凉，可沐浴。与花池或喷泉相结合，既可坐观近景，又可丰富造型，还可与挡土墙、栏杆相结合进行组合设计。园椅所采用的材料有木材，有天然石材，也有将其混合应用的。园椅的造型依所处的环境不同而多种多样，有直线型，有曲线型，有折线型以及各种混合型。

（三）栏杆

栏杆在园林中具有防护、分隔空间、装饰美化的作用；园林中不宜多设栏杆，非设不可时也应巧妙美化。栏杆不宜过高，不宜过繁，装饰纹样须依环境而定；悬崖峭壁上的栏杆要高过人的重心；平台近水的栏杆宜采用石材料；自然坡岸的水边不宜设置栏杆。

（四）雕塑

园林雕塑是现代园林中用以表现主题、装饰风景的重要小品。雕塑可以表现英雄人物、历史人物与典故，突出景观环境性质内容，或作为纯装饰性的艺术作品。在园林建筑与小品中也可运用水泥塑造树木、竹节、树桩、木纹地面等，达到建筑与环境协调的目的。园林雕塑分为具象雕塑和抽象雕塑。具象雕塑采用天然石材、不锈钢、青铜及混凝土制作，有动物形象及其他形象，富有自然情趣；抽象雕塑也同样采用天然石材及不锈钢、青铜材料，表达抽象主题。

（五）其他

园林中除了使用以上一些常用的小品外，还用其他的小品，如文化艺术墙体、垃圾桶等。

三、园林建筑与小品的布局要点

（一）满足功能要求

园林建筑与小品的布局首先要满足功能要求，包括使用、交通、环境效益，还要符合园林性质与内容要求。文化休息场所需要设置以文教与娱乐为内容的并满足其使用要求的建筑；动物园则设置以观赏动物为主要内容的动物舍、馆，既要方便游人的观赏，又须保障安全，还须便于管理饲养，这就要求掌握一定的动物学知识。在使用功能与交通功能要求上，园林建筑与地形处理、道路广场安排有密切关系。园林的主要出入口和露天剧场、展览馆等游人集散量大的建筑，都应选在平地或缓坡的地形，而且均须与主干道靠近。餐厅、茶室、小卖部、摄影部均应位于靠近主要干道的交叉口、易于被发现的地方；厕所虽须隐藏，却要求位于靠近主干道不远的地方，外有标志易于找到，且在全园中应均匀分布，展览温室尽量靠近生产温室和圃地；亭、廊、桌凳要考虑景观需要，也要满足人缓解疲劳的需要。

（二）满足造景需要

园林建筑在园林风景布局中有起承转合的作用，连接游览路线，呈视景线的焦点。对于有明显的观赏功能的亭、廊、榭、楼等应置于主要的视景焦点上。对于既有使用功能又有浏览观赏要求的，如餐厅、茶室、展览室等，在满足功能要求的前提下，应尽可能设置在优美的环境中，加强建筑的观赏性。

园林建筑布局的重要因素还有基址的选择，不同的基址有不同景观。山顶可俯视、远眺，近水可以借月；山体高大时可设楼阁，山体小巧宜设亭台。

第三节　园路及广场的设计

园路、广场是指园林绿地中的道路、广场等各种铺装地坪。它们是园林中各设计要素中与人关系最为紧密的园林设计要素。园路及广场的规划布置，往往反映不同的园林面貌和风格。

一、园路

（一）园路的功能

园路是贯穿全园的交通网络，是联系各个景区和景点的纽带和风景线，是组成园林风景的造景要素。

1.组织交通

这是园路最基本的功能。园路承担着对游客的集散、疏导作用，满足园林绿化、建筑维修、养护管理等工作的运输需要，承担园林安全、防火、设施服务等园务工作的运输任务。

2.组织空间

园路既是园林的纽带，同时也是园林分区的界线。在园林中，常常利用地形、建筑、植物、道路，把园林分隔成各种不同功能的景区，同时又通过道路把各景区、景点联系成一个整体。

3.引导游览

中国园林创作讲究曲径通幽，通过园路的引导，将全园的景色逐一展现在游人眼前，使游人能从较好的位置观赏景致。它能通过自己的布局和路面铺砌的图案，引导游客按照设计者的意图、路线和角度来游赏景物。从这个意义上来讲，园路是游客的导游者。

4.构成园景

园路蜿蜒起伏的曲线、丰富的寓意、多彩的铺装图案，都给人以美的享受。同时，园路与周围的山体、建筑、花草、树木、石景等物紧密结合，不仅是"因景设路"，而且是"因路得景"。

（二）园路的类型

1.按平面构图分

园路按平面构图分为规则式园路和自然式园路。规则式园路采用严谨整齐的几何形道路布局，平面上以直线和圆弧线为主，突出人工之美；自然式园路以自然曲折的形势，随地形起伏变化而变化，没有固定的形状，平面上以自然曲线为主，通常表现出曲径通幽的意境。

2.按性质和功能分

主要园路（主干道）供大量游人行走，必要时通行车辆。主干道要接通主要入口处，并要贯通全园景区，形成全园的骨架。宽度一般在3.5米以上。

次要园路（次干道）主要用来把园林分隔成不同景区。它是各景区的骨架，同附近景区相通。宽度一般在2.5～3.0米。

游憩小路（游步道）为引导游人深入景点、探幽寻胜之路，如游山峦、小岛、水涯、峡谷、疏林、草地等处的道路。宽度一般在1～2米。

3.按路面材料分

园路根据路面材料的不同，可分为土草路、泥结碎石路、块石冰纹路、砖石拼花路、条石铺装路、水泥预制块路、方砖路、混凝土路、沥青柏油路、沥青砂混凝土路等。

（三）园路的设计

园路设计要从园林的使用功能出发，根据地形、地貌、风景点的分布和园务活动的需要综合考虑，统一规划。园路须因地制宜、主次分明，有明确的方向性。

1.园路的布局形式

园路的布局一般结合园林空间的功能、大小和展示程序，采用棋盘式、套环式、条带式和树枝式园路系统。

2.平面线型设计

园路的线型设计应与地形、水体、植物、建筑物、铺装场地及其他设施相结合，形成完整的风景构图，创造连续展示园林景观的空间或欣赏前方景物的透视线。园路的线型设计要主次分明，规则式园林的园路一般平坦笔直。自然式园路一般根据地形的起伏和周围功能的要求，以曲路为主。园路布置应根据需要，疏密结合，起伏变化，合理表现园路曲折，切忌互相平行，做到"虽由人作，宛如天开"。

园路交叉口设计应注意以下问题：

（1）避免多路交叉。否则路况复杂，导向不明。

（2）尽量靠近正交。锐角过小，车辆不易转弯，人行要穿绿地。

（3）做到主次分明。在宽度、铺装、走向上应有明显区别。

（4）要有景色和特点。尤其是三岔路口，可形成对景，让人记忆犹新。

3.纵断面设计

园路的纵断面设计主要指园路的坡度设计，包括纵坡和横坡两个方面。园路横坡设计主要是为了道路表面的排水，一般应有1% ~ 4%的坡度。园路纵坡设计主要是在利用园路进行园林排水时，道路有一定的坡度，一般不超过8%；当坡度超过12%时，应设置台阶。

（四）铺装设计

铺装景观的设计主要是在平面上进行的，色彩、构图和质感的处理是道路铺装的主要因素。

1.色彩

地面铺装的色彩一般是衬托园林景观的背景，地面铺装色彩应稳重而不沉闷、鲜明而不俗气，色彩必须与环境统一。

2.质感

地面铺装的美在很大程度上要依靠材料质感的美。质感的表现应尽量发挥材料本身所固有的美，质感与环境有着密切联系，质感的变化要与色彩变化均衡相称。

3.图案纹样

铺装的形态图案是通过平面构成要素的点、线、面得以表现的。纹样能够起到装饰路面的作用，表达一般铺装所不能表达的艺术效果。

4.尺度

铺装砌块的大小、砌缝的设计、色彩和质感等都与场地的尺度有着密切关系。一般情况下，大场地的质感可以粗一些，纹样不宜过细；而小场地的质感不宜过粗，纹样也可以细一些。

二、广场

这里所说的广场是指一些小型的园林广场，不同于较大型的城市广场，是指在公园、居住区、企事业单位和城市街头绿地中营造的供游人游憩、娱乐和车辆通行、停靠的小型户外活动场所。

（一）园林广场的功能与类型

园林广场根据铺装材料的不同可分为硬质铺装广场和软质铺装广场两类，其中软质铺装广场又可分为草坪广场和地被广场等。

1.集散性广场

这类广场一般位于园林的主要出入口和主要道路交叉处，主要起到组织、分散人流的作用。入口处广场一般根据游人需要，设有导游、小卖部等服务设施，并可通过多条道路将游人组织到园林中的各个区域。道路交叉口处的小广场一般结合雕塑等建筑小品设置、成为区域重要景点。出口处广场可结合纪念品小商店布置。

2.活动性广场

一般位于园林内空间开阔处，或者设于园林内平坦林下空地，满足游人在园林中锻炼、休息、活动等需要。可在广场四周设置一些体育健身设施，并应于周围布置一定的生活设施，如茶室、小卖部、报刊亭、厕所等。

3.景观性广场

这类广场一般设于园林中心景区或者主要建筑前面，以满足大流量人群对主要景点的观赏为主要功能，为主要景点提供宽阔的观景平台，并能通过广场的形状、图案、色彩、质感等以及广场上其他景观要素的设置来烘托主要景物。

（二）广场的设计

1.园林出入口处广场的设计

这类广场设于园林的主要出入口处，以集散人流为主要功能。在园林入口处如果是收费型广场，那一般设置在大门外，主要满足游人购票、停车、坐车等需要，布局上与城市道路相结合，同时也与大门样式相一致。大门内的广场注重对游人的组织，通过与道路的组合，能够快速将人流组织到园林中的各个部分。在布局上，一般空间开阔，并应在广场周围设置一些休息设施及附属生活设施。

2.建筑物前小广场的设计

在园林的主要建筑物前，一般设有一片小型的活动空间，除满足交通功能外，也是游客自由活动的场所，同时连接建筑物的主要出入口。这类建筑物前广场的布局首先与建筑物的轮廓走向相协调，与建筑物的风格取得一致，同时考虑建筑物周围的道路分布状况。广场轴线应与建筑轴线相一致，整体广场空间应充分利用轴线做对称或均衡布局。

广场空间大小取决于建筑物的体量以及建筑物在园林中的重要程度、所处环境条件等，也应考虑游人数量以及造景需要。根据广场的大小，可以适当调整硬质铺装和软质铺装的比例，面积小的以硬质铺装为主，面积大的可适当增加软质铺装的比例。

3.园林中心小广场的设计

这类广场一般具有休闲广场性质，位置常常选择在园林绿地的中心区等人流较集中的地方，以方便游人使用为目的。布局往往灵活多变，空间多样自由，但与环境紧密结合。

此类广场的布局以表现形式美、突出功能性为主要目的，往往不需要与城市广场一样有十分明确的主题。整个广场可以同时具备晨练、娱乐、休息、活动等多种功能。

广场上一般以一个主景为中心，通过竖向设计上的一些阶梯状起伏变化达到广场的功能和景观分区，广场四周应以绿地环绕，布局以自然式为主，广场上可设置一些花坛作为空间分隔带，广场四周应结合庭荫树设置座椅。

第四节　园林规划设计的一般程序

园林的设计程序主要包括以下几个步骤。

一、园林设计的前提工作

（一）掌握自然条件、环境状况

1.甲方对设计任务的要求及历史状况。

2.城市绿地总体规划与公园的关系，以及对公园设计上的要求。城市绿地总体规划图的比例尺为1∶10 000～1∶5 000。

3.公园周围的环境关系、环境的特点以及未来发展情况，如周围有无名胜古迹、人文资源等。

4.公园周围城市景观。包括建筑形式、体量、色彩等与周围市政的交通联系，人流集散方向，周围居民的类型与社会结构，如是否有厂矿区、文教区或商业区等的情况。

5.该地段的能源情况。电源、水源以及排污、排水，周围是否有污染源，如是否存在有毒有害的厂矿企业、传染病医院等情况。

6.规划用地的水文、地质、地形、气象等方面的资料。了解地下水位、年与月降雨量，年最高最低温度及其分布时间、年最高最低湿度及其分布时间，年季风风向、最大风力、风速以及冰冻线深度等。重要或大型园林建筑规划位置尤其需要地质勘察资料。

7.植物状况。了解和掌握地区内原有的植物种类、生态、群落组成，还有树木的年龄、观赏特点等。

8.建园所需主要材料的来源与施工情况，如苗木、山石、建材等情况。

9.甲方要求的园林设计标准及投资额度。

（二）图纸资料

除了上述要求具备城市总体规划图以外，还要求甲方提供以下图纸资料：

1.地形图

根据面积大小，提供1：2 000、1：1 000、1：500园址范围内的总平面地形图。图纸应明确显示以下内容：设计范围（红线范围、坐标数字），园址范围内的地形、标高及现状物（现有建筑物、构筑物、山体、水系、植物、道路、水井，还有水系的进出口、电源等）的位置。现状物中，要求保留利用、改造和拆迁等情况要分别注明。四周环境情况：与市政交通联系的主要道路名称、宽度、标高点数字以及走向和道路、排水方向，周围机关、单位、居住区的名称、范围以及今后的发展状况。

2.局部放大图

1：200的图纸主要为局部详细设计用。该图纸要满足建筑单位设计及其周围山体、水系、植被、园林小品及园路的详细布局。

3.要保留使用的主要建筑物的平面、立面图

平面位置注明室内、外标高，立面图要标明建筑物的尺寸、颜色等内容。

4.现状树木分布位置图（1：200、1：500）

主要标明要保留树木的位置，并注明品种、胸径、生长状况和观赏价值等。有较高观赏价值的树木最好附以彩色照片。

5.地下管线图（1：500、1：200）

一般要求与施工图比例相同。图内应包括要保留的给水、雨水、污水、化粪池、电信、电力、散热器沟、燃气、热力等管线位置及井位等。除平面图外，还要有剖面图，并需要注明管径的大小、管底或管顶标高、压力、坡度等。

（三）现场踏勘

无论面积大小、设计项目难易，设计者都必须认真到现场进行踏勘。一方面，核对、补充所收集的图纸资料。如：现状的建筑、树木等情况，水文、地质、地形等自然条件。另一方面，设计者到现场，可以根据周围环境条件，进入艺术构思阶段，"佳者收之，俗

者摛之"。

发现可利用、可借景和不利或影响景观的物体，在规划过程中应分别加以适当处理。根据情况，如面积较大、情况较复杂，有必要的话，踏勘工作要进行多次。

现场踏勘的同时，要拍摄一定的环境现状照片，以供进行总体设计时参考。

（四）编制总体设计任务文件

设计者将所收集到的资料，经过分析、研究，确定总体设计原则和目标，编制出进行公园设计的要求和说明。总体设计任务文件主要包括以下内容：

1.公园在城市绿地系统中的关系。

2.公园所处地段的特征及四周环境。

3.公园的面积和游人容量。

4.公园总体设计的艺术特色和风格要求。

5.公园地形设计，包括山体水系等要求。

6.公园分期建设实施的程序。

7.公园建设的投资匡算。

二、总体设计方案阶段

明确公园在城市绿地系统中的关系及确定公园总体设计的原则与目标以后，要着手进行以下设计工作。

（一）主要设计图纸内容

1.位置图

属于示意性图纸，表示该公园在城市区域内的位置，要求简洁明了。

2.现状图

根据已掌握的全部资料，经分析、整理、归纳后，分成若干空间，对现状做综合评述，可用圆形圈或抽象图形将其概括地表示出来。例如：经过对四周道路的分析，根据主、次城市干道的情况，确定出入口的大体位置和范围。同时，在现状图上可分析公园设计中的有利和不利因素，以便为功能分区提供参考依据。

3.分区图

根据总体设计的原则、现状图分析，根据不同年龄段游人活动规划、不同兴趣爱好游人的需要，确定不同的分区，划出不同的空间，使不同空间和区域满足不同的功能要求，并使功能与形式尽可能统一。另外，分区图可以反映不同空间、分区之间的关系。该图属于示意说明性图纸，可以用抽象图形或圆圈等图案予以表示。

4.总体设计方案图

根据总体设计原则、目标，总体设计方案图应包括以下诸方面内容：第一，公园与周围环境的关系，包括公园主要、次要、专用出入口与市政关系，即面临街道的名称、宽度，周围主要单位名称或居民区等，公园与周围园界是围墙或透空栏杆要明确标示。第二，公园主要、次要、专用出入口的位置、面积、规划形式，主要出入口的内外广场、停车场、大门等布局。第三，公园的地形总体规划、道路系统规划。第四，全园建筑物、构筑物等布局情况，建筑平面要能反映总体设计意图。第五，全园植物设计图，要反映密林、疏林、树丛、草坪、花坛、专类花园、盆景园等植物景观。此外，总体设计图应准确标明指北针、比例尺、图例等内容。

总体设计图：面积在100公顷以上，比例尺多采用1∶5 000～1∶2 000；面积在10～50公顷，比例尺用1∶1 000；面积8公顷以下，比例尺可用1∶500。

5.地形设计图

地形是全园的骨架，要求能反映出公园的地形结构。以自然山水园而论，要求表达山体、水系的内在有机联系。根据分区需要，进行空间组织；根据造景需要，确定山地的形体、制高点、山峰、山脉、山脊走向、丘陵起伏、缓坡、微地形以及坞、岗、岘、岬、岫等陆地造型。同时，地形还要标示出湖、池、潭、港、湾、涧、溪、滩、沟、渚以及堤、岛等水体造型，并要标明湖面的最高水位、常水位、最低水位线。此外，图上应标明入水口、排水口的位置（总排水方向、水源及雨水聚散地）等，同时要确定主要园林建筑所在地的地坪标高、桥面标高、广场高程以及道路变坡点标高；还必须标明公园周围市政设施、马路、人行道以及与公园邻近单位的地坪标高，以便确定公园与四周环境之间的排水关系。

6.道路总体设计图

首先，在图上确定公园的主要出入口、次要入口、专用入口，主要广场的位置、主要环路的位置以及作为消防的通道。同时确定主干道、次干道等的位置以及各种路面的宽度、排水纵坡，并初步确定主要道路的路面材料、铺装形式等。图纸上用虚线画出等高线，再用不同的粗线、细线表示不同级别的道路及广场，并注明主要道路的控制标高。

7.种植设计图

根据总体设计图的布局、设计的原则以及苗木的情况，确定全园的总构思。种植总体设计内容主要包括：不同种植类型的安排，如密林、草坪、疏林、树群、树丛、孤立树、花坛、花境、园界树、园路树、湖岸树、园林种植小品等内容；以植物造景为主的专类园，如月季园、牡丹园、香花园、观叶观花园中园、盆景园、观赏或生产温室、爬蔓植物观赏园、水景园；公园内的花圃、小型苗圃等。同时，确定全园的基调树种，包括常绿、落叶的乔木、灌木、草花等。

种植设计图上，乔木树冠以中、壮年树冠的冠幅（一般为5～6米的树冠）为制图标准，灌木、花草以相应尺度来表示。

8.管线总体设计图

根据总体规划要求，确定全园的给水水源的引进方式，水的总用量（消防、生活、造景、喷灌、浇灌、卫生等），管网的大致分布、管径大小、水压高低等，以及雨水、污水的水量，排放方式，管网大体分布，管径大小及水的去处等。北方冬天需要供暖，则要考虑供暖方式、负荷多少及锅炉房的位置等。

9.电气规划图

用于确定总用电量、用电利用系数、分区供电设施、配电方式、电缆的敷设以及各区各点的照明方式及广播、通信等的位置。

10.园林建筑布局图

要求在平面上，反映全园总体设计中建筑在全园的布局，主要、次要、专用出入口的平面位置，售票房、管理处、造景等各类园林建筑的平面造型；大型主体建筑，如展览性、娱乐性、服务性建筑的平面位置及周围关系；还有游览性园林建筑，如亭、台、楼、阁、榭、桥、塔等类型建筑的平面安排。除平面布局外，还应画出主要建筑物的平面、立面图。

总体设计方案阶段，还要争取做到多方案的比较。

（二）鸟瞰图

设计者为更直观地表达公园设计的意图，更直观地表现公园设计中各景点、景物以及景区的景观形象，通过钢笔画、铅笔画、钢笔淡彩、水彩画、水粉画、中国画或其他绘画形式表现，都有较好的效果。鸟瞰图的制作要点如下：

1.无论采用一点透视、两点透视或多点透视还是轴测画，都要求鸟瞰图在尺度、比例上尽可能准确反映景物的形象。

2.鸟瞰图除表现公园本身，还要画出周围环境，如公园周围的道路交通等市政关系，公园周围的城市景观，公园周围的山体、水系等。

3.鸟瞰图应注意"近大远小、近清楚远模糊、近写实远写意"的透视法原则，以达到鸟瞰图的空间感、层次感、真实感。

4.一般情况下，除了大型公共建筑，城市公园内的园林建筑和树木景观，树木不宜太小，而以15～20年树龄的高度为画图的依据。

（三）总体设计说明书

总体设计方案除了图纸外，还要求有一份文字说明，全面介绍设计者的构思、设计要点等内容，具体包括以下几个方面：

1.位置、现状、面积。

2.工程性质、设计原则。

3.功能分区。

4.设计主要内容（山体地形、空间围合、湖池、堤岛、水系网络、出入口、道路系统、建筑布局、种植规划、园林小品等）。

5.管线、电信规划说明。

6.管理机构。

（四）工程总匡算

在规划方案阶段，可按面积（公顷、平方米），根据设计内容、工程复杂程度，结合常规经验匡算；或按工程项目、工程量，分项估算再汇总。

三、局部详细设计阶段

在上述总体设计阶段，有时甲方要求进行多方案的比较或征集方案投标。经甲方和有关部门审定，认可并对方案提出新的意见和要求，有时总体设计方案还要做进一步的修改和补充。在总体设计方案最终确定以后，接着就要进行局部详细设计工作。

局部详细设计工作的主要内容有以下几个方面。

（一）平面图

首先，根据公园或工程的不同分区，划分若干局部，每个局部根据总体设计的要求，进行局部详细设计。一般比例尺为1：500，等高线距离为0.5米，用不同等级粗细的线条画出等高线、园路、广场、建筑、水池、湖面、驳岸、树林、草地、灌木丛、花坛、花卉、山石、雕塑等。

详细设计平面图要求标明建筑平面、标高及与周围环境的关系，道路的宽度、形式、标高，主要广场、地坪的形式、标高，花坛、水池面积大小和标高，驳岸的形式、宽度、标高。

同时，在平面图上还要标明雕塑、园林小品的造型。

（二）横纵剖面图

为更好地表达设计意图，应在局部艺术布局的最重要部分或局部地形的变化部分，制作出断面图，一般比例尺为1：500～1：200。

（三）局部种植设计图

在总体设计方案确定后，着手进行局部景区、景点详细设计的同时，要进行1：500的种植设计工作。一般在1：500比例尺的图纸上，就能较准确地反映乔木的种植点、栽植数量、树种。树种主要包括密林、疏林、树群、树丛、园路树、湖岸树等。其他种植类型，如花坛、花境、水生植物、灌木丛、草坪等的种植设计图可选用1：300或1：200比例尺。

（四）施工设计阶段

在完成局部详细设计的基础上才能着手进行施工设计。施工设计图纸要求具有以下内容。

1.图纸规范

图纸要尽量符合住房和城乡建设部的《建筑制图标准》的规定。图纸尺寸如下：0号图841mm×1189mm，1号图594mm×841mm，2号图420mm×592mm，3号图297mm×420mm，4号图297mm×210mm。4号图不得加长，如果要加长图纸，只允许加长图纸的长边；特殊情况下，允许加长1~3号图纸的长度、宽度；0号图纸只能加长长边，加长部分的尺寸应为边长的1/8及其倍数。

2.施工设计平面的坐标网及基点、基线

一般图纸均应明确画出设计项目范围，画出坐标网及基点、基线的位置，以便作为施工放线之依据。基点、基线的确定应以地形图上的坐标线或现状图上工地的坐标据点，或现状建筑屋角、墙面，或构筑物、道路等为依据，必须纵横垂直。一般坐标依图面大小每10米或20米、50米的距离，从基点、基线向上下左右延伸，形成坐标网，并标明纵横标的字母，一般用英文字母A、B、C、D……和对应的A′、B′、C′、D′……及阿拉伯数字1、2、3、4……和对应的1′、2′、3′、4′……从基点0、0′坐标点开始，以确定每个方格网交点的纵横数字所确定的坐标，作为施工放线的依据。

3.施工图纸要求内容

图纸要注明图头、图例、指北针、比例尺、标题栏及简要的图纸设计内容的说明。图纸要求字迹清楚、整齐，不得潦草；图面清晰、整洁，图线要求分清粗实线、中实线、细实线、点画线、折断线等线型，并准确表达对象。图纸上的文字、阿拉伯数字最好用打印字剪贴复印。

4.施工放线总图

主要表明各设计因素之间具体的平面关系和准确位置。图纸内容：保留利用的建筑物、构筑物、树木、地下管线等；设计的地形等高线、标点高，水体、驳岸、山石、建筑物、构筑物的位置，道路、广场、桥梁、涵洞、树种设计的种植点、园灯、园椅、雕塑等全园设计内容。

5.地形设计总图

地形设计的主要内容：平面图上应确定制高点、山峰、台地、丘陵、缓坡、平地、微地形、丘阜、岛及湖、池、溪流等的具体高程，入水口、出水口的标高，各区的排水方向，雨水洪点及各景区园林建筑、广场的具体高程。一般草地最小坡度为1%，最大不得超过33%，最适坡度在1.5%～10%，人工剪草机修剪的草坪坡度不应大于25%。一般绿地缓坡坡度在8%～12%。

地形设计平面图还应包括地形改造过程中的填方、挖方内容。在图纸上应写出全园的挖方、填方数量，说明应进园土方或运出土方的数量及挖、填土之间土方调配的运送方向和数量，一般力求全园挖、填土方保持平衡。

除了平面图，还要求画出剖面图，主要部位如山形、丘陵、坡地的轮廓线及高度、平面距离等，要注明剖面的起讫点、编号，以便与平面图配套。

6.水系设计

除了陆地上的地形设计，水系设计也是十分重要的组成部分，平面图应标明水体的平面位置、形状、大小、类型、深浅以及工程设计要求。

首先，应完成进水口、溢水口或泄水口的大样图。然后，从全园的总体设计出发考虑对水系的要求，画出主、次湖面，堤、岛、驳岸的造型，溪流、泉水等及水体附属物的平面位置，以及水池循环管道的平面图。

纵剖面图要表示出水体驳岸、池底、山石、汀步、堤、岛等工程做法图。

7.道路、广场设计

平面图要根据道路系统的总体设计，在施工总图的基础上，画出各种道路、广场、地坪、台阶、盘山道、山路、汀步、道桥等的位置，并注明每段的高程、纵坡、横坡的数字。一般园路分主路、支路和小路三级。园路最低宽度为0.9米，主路一般为5米，支路在2～3.5米。国际康复协会规定残疾人使用的坡道最大纵坡为8.33%，所以，主路纵度上限为8%。山地公园主路的纵坡应小于12%，支路和小路、园路的最大纵坡为15%，郊游路为33.3%。综合各种坡度和《公园设计规范》规定，支路和小路纵坡宜小于18%，超过18%的纵坡，宜设台阶、梯道。并且规定，通行机动车的园路宽度应大于4米，转弯半径不得小于12米。一般室外台阶比较舒适的高度为12厘米，宽度为30厘米，纵坡为40%。长期园林实践数字：一般混凝土路面的纵坡在0.3%～5%之间，横坡在1.5%～2.5%之间；园石或拳石路面的纵坡在0.5%～9%之间，横坡在3%～4%之间；天然土路的纵坡在0.5%～8%之间，横坡在3%～4%之间。

除了平面图，还要求用1：20的比例绘出剖面图，主要表示各种路面、山路、台阶的宽度及其材料，道路的结构层（面层、垫层、基层等）厚度做法。注意每个剖面都要编号，并与平面配套。

8.园林建筑设计

要求包括建筑的平面设计（反映建筑的平面位置朝向、周围环境关系）、建筑底层平面、建筑各方向的剖面、屋顶平面必要的大样图、建筑结构图等。

9.植物配置

种植设计图上应表现树木花草的种植位置、品种、种植类型、种植距离以及水生植物等内容。应画出常绿乔木、落叶乔木、常绿灌木、开花灌木、绿篱、花篱、草地、花卉等的具体位置、品种、数量、种植方式等。

植物配置图一般采用1：500、1：300、1：200的比例尺，根据具体情况而定。大样图可用1：100的比例尺，以便准确地表示出重点景点的设计内容。

10.假山及园林小品

假山及园林小品，如园林雕塑等，也是园林造景中的重要因素，一般最好做成山石施工模型或雕塑小样，便于施工过程中能较理想地体现设计意图。在园林设计中，主要提出设计意图、高度、体量、造型构思、色彩等内容，以便于与其他行业相配合。

11.管线及电信设计

在管线规划图的基础上，表现出给水（造景、绿化、生活、卫生、消防）、排水（雨水、污水）、暖气、煤气等，应按市政设计部门的具体规定和要求正规出图。主要注明每段管线的长度、管径、高程及如何接头，同时注明管线及各种井的具体位置、坐标。

同样，在电气规划图上应具体标明各种电气设备、灯具位置、变电室及电缆走向位置等。

12.设计概算

土建部分：可按项目估价，算出汇总价；或按市政工程预算定额中园林附属工程定额计算。绿化部分：可按基本建设材料预算价格中苗木单价表及建筑安装工程预算定额的园林绿化工程定额计算。

第三章 景区园林规划设计

第一节 旅游景观及其规划设计概述

一、旅游景观

（一）概念

20世纪七八十年代，"景观论"被引入旅游科学，出现"旅游景观"这一新概念。"旅游景观"概念可以被理解为区域中在自然和人类相互作用下形成的对游客有吸引作用的客观实体，以及能够让游客感受到的积极正面的文化精神现象。在这个概念中，包括可供欣赏的自然景色、景致，也包括在人类干扰下形成的建筑物、娱乐设施，还包括人类在漫长的历史发展过程中改造自然所形成的民风民俗、社会观念等。本书探讨的旅游景观主要从人类对环境的认知角度，针对人类活动阶段的自然与人文环境，研究具有外部审美形式、内涵意韵及其与周围环境的交流联系。

（二）特征

1.参与性

旅游景观是一个地区旅游业发展的必要条件，只有游客从主观上对旅游区的某类景观，或者是山地景观，或者是林地景观，有兴趣，产生游览的冲动，才能实现该地区旅游产品的生产与销售，获得一定的经济与社会效益。因此，旅游景观必须具有吸引力。在有这样吸引力的前提下任何旅游景观都必须具备可参与性特征。如前所述，旅游业的发展须以旅游产品销售的实现为前提，旅游产品销售的实现又须以旅游行为的完成为前提，而旅游行为的完成又须以旅游景观的客观可参与性为前提。因此，可参与性是旅游景观必须具备的特征之一。

从另外一个方面，旅游景观的可参与性可以从旅游景观与建筑等其他艺术形式的区别说起。旅游景观在与建筑等其他艺术形式进行区别的时候，一个主要特征就是它的可参与性，也就是说游客在进行旅游活动的时候可以参与其中，甚至成为旅游景观的一部分。以人文旅游景观为例，游客在一个极具民族风情的地区进行游览的时候总是乐于参加其中各种类型的游乐活动，此时他们能真正融入当地的人文景观之中，而不像对建筑物那样只是单纯地从外部进行欣赏，他们的这种参与在其他游客眼里又构成了另外一种景观，对其他游客形成新的吸引。

2.区域性

旅游景观是个体区域单位，相当于综合自然区划等级系统中最小一级的自然区，是分布上相对一致和形态结构同一的区域。根据地带规律，旅游景观系统的地域分异使得处于相同地带的旅游景观区域系统具有相同或者相似的或自然、或社会、或经济、或文化的特点。旅游景观作为一个区域系统的综合体，是由自然、社会、文化等众多要素组成的综合体。各个要素之间相互联系、相互制约，是特定区域内地貌、植被、土地利用和人类居住格局相互利用的特殊结构。

3.社会性

以社会观念、民风民俗等为代表的旅游人文景观由人类在认识和改造自然界的过程中逐渐形成并且流传至今，它本身就具有极其强烈的社会性，是人类社会的产物。以森林、沼泽、山川、湖海等为代表的旅游自然景观本身虽然不具有社会因素，完全是依靠自然的干扰而形成的，但是我们一旦要对其进行规划设计，使之成为对游客而言具有吸引力的客观存在时，它就具有社会性了。整个规划设计的过程就是人类干扰的过程，也是将自然景观社会化的过程。

社会性的另外一种表现是人类在对抗自然的漫长历史进程中，有些好的精神现象和社会活动，如端午赛舟、中秋赏月、重阳登高等一直流传至今。但也有一些不好的精神现象和社会活动，如封建思想、迷信活动等在社会的某个角落繁衍滋长。在这之中，只有那些积极正面的精神现象和社会活动能够被称为旅游景观，反之则不是。

（三）相关关系

1.景观与旅游景观的关系

无论是在文艺学界、地理学界还是在生态学界，对于"景观"一词的概念，各界学者都有详尽的描述。但是，在旅游学界，对于"景观"概念的探讨尚处于初级阶段，各派林立，观点不一。在这种情况下"旅游景观"这一概念往往与"景观"一词相混淆，在基础概念不能得到有效区分的情况下，其他任何理论和实践研究都只是无源之水、无本之木。因此，现在最重要的就是弄清楚景观与旅游景观之间的区别和联系，以便为以后的学术研究提供坚实的理论基础。

景观与旅游景观既有区别又有联系，事实上，景观是作为一种开放的系统而存在，而相对于它来说，旅游景观只是其中的一个子系统。景观不论从内涵上还是外延上都比旅游景观大得多。

从吸引性来看，旅游景观最突出的特点就是其对游客具有强大的吸引力，如果某个地区的景观只作为一种物质实体或者精神现象存在，而对游客并不具备吸引力，不能使游客从主观上产生旅游的动机，那么它就只能够被称为景观而不能被理解为旅游景观。例如，一个刚刚被世人发现的地底溶洞，其作为溶洞景观确实存在，但是由于尚未开发，只能对科研人员产生吸引力，不能使广大游客产生参观动机，那么它就只是一个景观而非旅游景观范畴。当然，这一概念是可转化、可替换的，随着进一步开发和进行正确的形象定位、宣传营销，一旦具备对游客的吸引力，这一溶洞就不仅仅是景观而是作为旅游景观存在。

从可达性来看，任何旅游景观都必须使游客能够达到。类似地，某地区的一种物质实体或者精神现象主观上确实能够对游客产生强大的吸引力，能够使之产生游览动机，但是由于其客观原因上的不可达，这类物质实体或者精神现象也只能被称为景观而不是旅游景观。在这方面，最为突出的莫过于地球的南北两极。南北两极具有令人向往的极地风光，对游客来说具有莫大的吸引力，但是由于其恶劣的环境条件而导致的高危险、高难度而致使景观不可达，那它也只能被理解为景观而非旅游景观。当然，如同以上论述，这里的景观与旅游景观也是可以相互转换、替代的。一旦能够提供相应的可进入设备，具备可达性，景观也是可以转化为旅游景观的。

从研究范围来看，"景观"这一概念兼具文艺学、地理学与生态学的三重含义。景观作为一个系统，具有多层次的、复杂的结构（地学的主要研究方向）。同时，景观系统具有多种功能，这主要体现在两个方面：其一是景观作为生态系统的能流和物质循环的载体，它与社会物质文化系统紧密相关（景观生态学的主要方向）；其二是它作为社会精神文化系统的信息源而存在。人类不断从中获得各种信息（如美感信息、文化信息等），再经过人类智力的加工而形成丰富的社会精神文化（文艺学的主要研究方向）。而本书主要从人类对环境的认知角度，针对人类活动阶段的自然与人文环境，研究具有外部审美形式、内涵意韵，及其与周围环境的交流联系。

2.旅游景观与旅游资源的关系

旅游资源和旅游景观同源而异质，很容易混淆。在很多地方，旅游资源与旅游景观的概念没有细分，可以相互替代。但事实上这只是概念上的误区，它们之间无论在概念上还是在属性上都是有很大区别的。

《旅游规划通则》对旅游资源的定义是："自然界和人类社会凡能对旅游者产生吸引力，可以为旅游业开发利用，并产生经济效益、社会效益和环境效益的各种事物和因素，称为旅游资源。它是旅游活动的客体与对象，是指能够吸引旅游者旅游活动的各类自然因素和人文因素。"从这个定义中我们可以得出结论，即旅游资源与旅游景观是两个不同的概念体系，它们之间既有概念的交叉，也有相互区别的地方。具体说来，旅游资源在概念的内涵和外延上要比旅游景观大。

从概念上说，旅游资源是指一切能够对旅游者产生吸引力的事物和因素，在这个概念中包括区域中满足旅游者心理以及精神需要，具有相应的旅游价值及功能的客体和文化精神现象，如可供游客欣赏的优美景色、景致，可供体验的地方民俗风情，可供享受的独特娱乐项目和饮食等，还包括主要为旅游者提供生理需求，保障旅游者食、宿、行、游、购、娱的设施条件和经济服务实体，如该区域存在的经济背景、区域基础设施状况和旅游接待服务设施状况等。但是从旅游景观的角度来看，它只包含满足游客心理以及精神需要层面，而不包括满足游客生理需求的设施条件和经济服务实体。

从属性上说，旅游资源包括原生态属性的，尚未被人类开发利用的资源部分和有人为痕迹，已经被开发利用的资源部分。原生态资源部分对旅游者有潜在吸引力，但是由于或主观或客观的原因没有被开发出来，只能作为一种潜在的资源存在。旅游景观则只包含已被开发部分，而不包含原生态部分。举例来说，在地广人稀的西部地区，存在大量没有人为痕迹的海子、沼泽地等风景和不为游客所知的社会风俗，由于它们未被开发，对旅游者只会产生隐含的吸引力，因此只能被称为潜在的旅游资源而不是旅游景观。

二、旅游景观规划设计

（一）概念

旅游景观规划设计是以旅游景观为对象进行空间布局和创意设计，营造一种优化宜人的意境，使之能够吸引游客并最终实现旅游景观的生态化、实用化和形象化，旅游景观规划设计要通过不同阶段、不同层次的旅游景观生态规划、旅游景观文化策划和旅游景观设计三方面内容来加以体现。旅游景观规划设计是对旅游景观的永续维护和利用，不仅从空间上而且从时间上规划人类的生存环境，加强人与自然、文化的交流对话。因此，旅游景观规划设计的目标不仅要实现个体景观艺术化、持久化，还要使之与自然环境、人文环境尽可能完美地结合。这是一个复杂的过程，所以在旅游景观规划设计层面的大量问题又与旅游学、工程技术、环境科学、建筑学、园林学、美学、经济学、管理科学等相联系，是一种综合性、多学科交叉性质的科学技术。旅游景观规划设计不是一个人就能够完成的，它需要多种专业的人员共同来做。旅游景观规划设计的人才培养也不是仅仅依靠建筑学、旅游学、园林学等单个学科就能够完成的，而应该以多个学科为共同基础进行跨学科研究和实践。

（二）类别

旅游景观规划设计按照不同的标准可以有不同的分类方式。以任务、目标为标准，可以被分为公园旅游景观规划设计（森林公园、城市公园、主题公园等）、社会机构和企业园旅游景观规划设计、旅游景观道路规划设计、旅游度假区景观规划设计等。以范围、层次为标准，可以被分为宏观旅游景观规划设计、中观旅游景观规划设计和微观旅游景观规划设计。下面我们以划分的范围、层次为标准进行简单阐释。

1.宏观旅游景观规划设计

宏观旅游景观规划设计一般是旅游区域景观规划与设计，其规划范围都是数千、数百平方公里。区域具有地域性和可度量性，就我国的实际情况而言，区域可分为两类：一是以城市（镇）为中心的，类似于行政区划的区域总体景观设计，可分为特大城市、大中城市、城镇、城乡等不同区域类型的旅游景观规划设计。二是具有特定景观组分或者景观内聚力的区域景观，如滨海景观、流域景观、山地景观、森林景观规划设计等。在这个范围、层次的旅游景观规划设计中，规划设计师主要是从自然角度来谈的，这并不是说就不谈人工的东西，而是将尺度放大后，人类对于自然、整个地球的改造能力相对来讲弱化了。其工作涉及地质地貌、水文、气候、动植物、社会人文历史等方面，全方面考虑环境的诸多自然保护和建设因素，将功能技术和美学因素相结合进行总体规划设计工作。

2.中观旅游景观规划设计

中观旅游景观规划设计一般是指场地规划设计，包括旅游度假区、主题公园、城市公园、景观大道、企业园等规划设计。这是旅游景观规划设计主体。现在我们所做的旅游景观规划设计一般就是指这个层面的规划设计。场地规划设计是一种对建筑、结构、设施、地形、给排水、绿化等予以时空布局并使之与周围的交通、景观、环境等系统相互协调联系的过程。为了美学与技术上的要求，其包括场地内不同功能用地的安排、地形与水体的改造、雨水管网系统的组织、沼泽地保留、环境保护、动植物的迁移，以及政策、控制性条例和各类标准的制定。工作内容包括绘制各类地图、概念性规划、分项规划、报告文本，还包括其他用于政府各级主管部门审批所需的文件材料。

3.微观旅游景观规划设计

微观旅游景观规划设计一般是指小范围旅游景观规划设计，包括街头小游园、街头绿地、旅游景点、旅游景观小品等设计。

（三）相关关系

1.旅游景观规划—旅游景观设计

从概念上讲，根据中国人的一般观念，"规划"是指比较全面的、长远的发展计划；而"设计"则是指在正式做某类工作前，根据一定的目的和要求，预先制定方法、图样等。

从范围上讲，一般说来，旅游景观规划对象要比旅游景观设计对象大得多。旅游景观规划对象可以小到一个景区、一个旅游地，也可以大到一个地区、区域，甚至扩展到全球范围。比如西南地区旅游景观规划、东南亚地区旅游景观规划等，旅游景观规划更加偏重于宏观和中观规划，而对于旅游景观设计来说，往往面对的是具体实物而不是抽象对象，如景区建筑单体设计、景区道路景观设计等，更加偏重于微观方面。

从深度上讲，旅游景观规划的深度可以是从当前景观规划现状和近期发展做详细规划，也可以为景观在今后相当长一段时间内的长远发展做概念性发展规划。其适用性不一而足，可以根据不同要求而做弹性调整，而旅游景观设计的深度则大不如旅游景观规划。一般而言，旅游景观设计是对对象在近期的风格取向、建筑形式和实施步骤等做具体设计，更加偏重于规划所不能达到的微观层面。

总体来说，旅游景观规划与旅游景观设计之间的关系是实践和认识的辩证统一关系。旅游景观规划是旅游景观设计的"龙头"，要坚持先规划后设计的原则，要正确处理旅游景观规划和旅游景观设计之间的关系，一方面，要坚持规划的科学性。制订规划必须树立超前意识、全局意识、开发意识和科学意识，使规划既管当前，又管长远，做到统筹兼顾，各方照应。另一方面，要坚持规划的严肃性。规划一经批准，就有法定效力，就必须按照规划进行设计和建设，不能各自为政，破坏整体效果，打乱规划结构，以保障旅游景观的整体性和持续性。

2.旅游规划—旅游景观规划设计

根据《旅游规划通则》，合乎现代社会发展的旅游规划至少应该包括三个阶段：旅游业发展规划、旅游区总体规划和旅游区控制性详细规划。旅游业发展规划是将所规划的旅游区放在一个宏观的区域大背景中考虑，确定旅游业在国民经济中的地位，提出旅游业发展目标、规模和速度。旅游业总体规划是就所规划的旅游区范围考虑问题，确定旅游区性质，提出开发实施战略，指导旅游区合理发展。而旅游区控制性详细规划中常常包含方案设计，是就总体规划中重要的区域、景点考虑问题，详细规定区域内建设用地的各项指标和其他规划管理要求。

从学科背景来看，根据以上对旅游规划的分类分析，旅游景观规划设计基于景观规划设计学科背景，发源于游赏环境空间的创造，擅长于物质环境、空间布局、意向创造。而旅游规划基于旅游管理和经济管理的学科背景，发源于现实游赏环境资源的识别，擅长于社会人文、经济运营以及资源的综合分析、利用以及发展决策。

从规划对象来看，旅游业发展规划的规划对象是规划区的旅游行业，旅游区总体规划的规划对象是规划区的旅游资源，而旅游区控制性详细规划的规划对象是规划区的土地和建筑物。旅游景观规划设计的对象则自始至终都是旅游景观。作为一个行业名词，旅游行业这一概念明显区别于旅游景观，因此，旅游业发展规划中所涉及的内容着重于对旅游业进行经济分析与旅游景观规划设计中着重于美学分析大有不同。在旅游规划中的土地和建筑物与旅游景观是外延上的从属关系，在概念上也有所区别，因此旅游区控制性详细规划只是旅游景观规划设计的一个部分。旅游资源和旅游景观之间的区别这里就不再多加解释。因此，旅游景观规划设计是旅游区总体规划中的一个分支，是介于旅游区总体规划和旅游区控制性详细规划之间的一个规划设计系统。

第二节 规划设计的基本方法

一、旅游景观规划设计的基本原则

旅游景观规划设计有其基本原则，可以分别从以下三个方面考虑。

（一）地方原则——为传承文脉而策划

现代旅游景观规划设计应该注重文化与人类生活的需要，人造的景观永远不可能是真正自然的，旅游景观规划设计不仅要符合生态原则，还应考虑地方差异化的延续。

各个地区由于地理位置的不同而引起环境的不同，在自然景观要素如山川、河流、植物、动物、石头等方面存在或多或少的差异。这种差异显而易见并很容易为旅游开发和规划者所掌握。由于这种自然景观方面的差异，人类在长期的适应环境、改造环境和利用环境的过程中，不同人群对环境的感知不同，形成了对环境的不同看法，形成了不同的生活模式、思维模式和人生观以及世界观。因此，每个地区都有专属于自己的，不同于其他任何地方的文化、风俗，也就是当地的"文化景观"。文化景观包括物质文化和非物质文化两部分，构成文化景观的要素是十分复杂的，建筑物的样式、聚落的分布、耕作方式、服饰的式样、饮食的烹制、社会关系、意识形态等都可以说是文化景观的重要特征。

随着旅游业的蓬勃发展，无节制的旅游活动、游客的大量介入，使旅游目的地的社会文化受到极大的冲击与干扰。旅游不仅，给旅游的地方文化带来许多负面效应，同时不合理的旅游开发与建设也使得很多文化遗址遭到破坏。盲目的建设、仿效，千篇一律的建设格调使许多区域文化旅游的文脉正在丧失，维护地方文化的完整和延续的重要性不亚于维护自然生态平衡。因此，对地方文化的保护与延续必须受到业界的广泛重视。

（二）生态原则——为生态平衡而规划

一方面，由于前面所叙述的工业污染和城市污染，从20世纪六七十年代开始，环境意识运动逐步发展，人与自然和谐相处的观念日益成熟。这一阶段中，生态思想飞速发展，人们开始更多地思考"人与动物之间的伦理关系""地球的伦理关系"，身心疲惫的人类以较以往更大的热情回归自然，保护生态环境。人们逐渐认识到，地球以及地球上的各种生命系统是具备有机生命特征和持续性特点的实体。另一方面，随着全球旅游产业规模的日益增大，加上由于在规划开发过程中环保意识的淡薄，旅游开发和旅游环境建设中存在很大的盲目性和随意性，致使旅游活动的范围和程度超过了自然环境可承受的极限，损害了旅游业赖以生存的环境质量，威胁到旅游业的持续发展。过去被低估的环境影响正在受到重视。在这样的情况下，人们对旅游景观的认识也有了新的发展，不再把它当作仅仅供人欣赏的视觉关照对象，而认为它是生态结构的反映，体现出人对环境的影响以及环境对人的约束，是一种文化与自然的交流，并认为旅游景观的美并不仅仅是形式的美，更是表现生态系统精美结构与功能的有生命力的美。它是建立在环境的秩序与生态系统的良性运转轨迹之上的。从根本上讲，现代旅游景观规划设计就是产生于人类社会从征服自然阶段走向与自然和谐共处阶段的历程中，其根本目标就是为人类接近自然、了解自然、认识自然提供舒适、健康的场所，最终达到人与自然的协调。

生态思想的发展，对旅游业带来的环境问题大致认识、"人与自然相协调"观念的深入人心，都激发我们以生态学为基础，重新认识身边熟悉而又陌生的生态环境，在旅游景观规划设计中，只有充分掌握、尊重并运用它们的运行规律，才能使我们规划设计的对象与环境充分融合，协调发展。

（三）艺术原则——为视觉美感而设计

无论是自然景观还是人文景观，作为一种审美对象呈现在旅游者面前时，首先是美的，或雄伟险峻如危岩壁立、波涛翻滚、楼阁悬空，或秀丽幽深如林间古庙、小桥流水、曲径通幽，或畅旷深远如平畴万里、水田一色、目无涯际，具有多姿多彩的形态美；或姹紫嫣红如繁花碧树，绚丽斑斓如鸟兽鱼虫，亮丽光洁如冰雪雾凇、蓝天白云，具有赏心悦目的色彩美；或溪流潺潺，空谷回音，梵语仙乐，人声天籁，具有扣人心弦的声音美；或缥缈如浮云，奔腾如江河，倾泻如飞瀑，具有撩人心思的动态美；或终日烟雾笼罩，时隐时现，神秘莫测而呈现出一种勾魂摄魄的朦胧美；或帝王将相、文臣武将、才子佳人、僧尼佛道、神魔鬼怪，具有令人遥思遐想的典故美……旅游景观这些审美特征，是其成名的重要因素。

在旅游业十分发达的今天，凡是被选作旅游景观者必然是其所蕴含的美比较突出，美感强烈，极有感召力的事物。人们为达到观光、度假、修养、娱乐、探险、寻根、购物、求知、美食等目的而旅游，旅游观赏活动实际上是一种形象生动、自然而具体的美育教育，能够寓教于情，情动而理达。因此，旅游开发者、经营者都必须对旅游景观的艺术美给予足够重视，致力于发现美、创造美。

也正是由于上述原因，"旅游景观规划设计"一词大为盛行，似乎已经成为旅游地规划建设上档次、上水平的一个重要标志。大到旅游景观带、景区，小到雕塑小品、种植配置、水池花池、桌凳垃圾箱……几乎涵盖室外造型艺术的一切。但是在我们的现实生活中，旅游景观规划设计市场相当混乱，大有鱼目混珠之作，行业缺乏规范，设计盲目追求档次，模仿之风盛行，设计与施工脱节，形式主义随处可见。

旅游景观规划设计要合乎人们的审美情趣和形式美的规律，具有艺术性。一般艺术品是在外感知的，是一种动态形象，随着人们在空间内部活动变化与视线变化而不同，并有了强烈的时间性。早中晚一年四季，旅游景观都有不同特色。中国人有不同的审美观，对美的认识除了来自形式所产生的美有直接感知外，更注重感官之外的深层内涵，强调臆想美、意象美、韵味美，喜欢索而得之，慢慢品味，讲究含蓄、朦胧、神秘，这些审美观可以运用到旅游景观与环境艺术设计与创作中，为游客提供高质量的精神生活空间。

二、旅游景观规划设计的基本方法

现代旅游景观规划设计应该在充分考虑人、社会文化、历史因素的背景下，深刻理解构成环境的结构、机能、场所的内涵及相互联系。其核心概念是"相互尊重"，主要包括以下几个方面：

旅游景观规划设计是自然与文化的对话，是伴随时间进程的不断的交流与反馈。

旅游景观规划设计是自然与文化的相互辅助。自然进化赋予土地初级状态，以此接受文化因素的介入并且组成复合模式，然后在新的模式上共同进化。

旅游景观规划设计是对旅游地复杂生态系统的优化调节，以综合手段承担和处理人与环境的协调工作。

旅游景观规划设计是结合功能需要与自然象征意义的多目标环境设计。

旅游景观规划设计是对旅游地景观资源的永续维护与利用，不仅从空间上而且从时间上规划人类的生存环境。

从国际旅游景观规划设计理论与实践的发展来看，我们认为，现代旅游景观规划设计所用的基本方法应该蕴含三个不同层面的追求以及与之相对应的理论研究。我们认为旅游景观规划设计的三个步骤，分别是旅游景观文化策划、旅游景观生态规划和旅游景观艺术设计，称为旅游景观规划设计基本方法的三元。

（一）规划前期：基于地方原则的旅游景观文化策划——确定所选主题及氛围

1.旅游景观文化策划的重要性

我国旅游业经过多年的发展，已经成为国民经济新的增长点。一些省市相继将旅游业列为支柱产业或重点产业。近年来由于西部大开发的进行，西部地区的资源优势和政策优势更引发了旅游景观规划设计热。在这种大背景下所涌现出的规划设计作品良莠不齐。在目前的旅游景观规划设计作品中，往往忽略当地的地方文化，或不能将其从项目、景观中准确物化。最终树立的旅游形象缺乏创新性，缺乏文化景观在旅游景观规划设计中的运用，没有特色，没有文化底蕴；破坏原生环境，破坏历史文化传统。每个景区大到宾馆饭店、娱乐设施，小到路边指示牌、垃圾箱都风格统一，如出一辙。旅客在游玩之后连当地的风俗民情都不能了解，更何谈地方精神，自然也不会产生下次重游的冲动和愿望。如前几年全国兴起的"西游记宫"热和"世界公园"热，各地不论是否具有所需地方文化条件，全部一哄而上，最终无一不是惨淡收场。

要在游客心目中留下深刻印象，前提是找到旅游地的独特性，也就是它的地方文化。每一个地方都有其自然和文化的历史进程，两者相适应而形成了地方特色与地方含义，也就是地方文化。对旅游地建设来说，规划设计先行，因此突出这种地方精神的结点在于加强旅游景观在旅游景观规划设计实作中的应用。虽然建筑学国际式风格的第一次浪潮已经过去，但是旅游规划中景观设计的热潮却经久不衰，凭借生态学的理论基础与更大的灵活适应性，规划设计中的旅游景观能够更恰当地表现出什么是普遍的、什么是区域性的，以及什么是个性的东西。从操作实践中可以得出结论，越是民族化、个性化、区域化的旅游景观往往越具有世界意义，越具有强大的吸引力。那么在这众多类别的旅游景观中，究竟什么样的景观才能表现出地区上最具民族化、个性化和区域化的东西呢？我们知道旅游景观大体可以被区分为两类：一类是自然景观，即人们常说的"风景""景色"；另一类是非自然景观，又可细分为人文景观和人造景观两种。人文景观包括民风民俗（婚丧嫁娶、禁忌、方言、节令等）、历史文化（图腾、传说、正史、遗迹等）、饮食文化（特色餐饮）等。人造景观实际上也是人文景观的一个分支，但因体系庞大、作用特殊而被单独列出，包括风格各异的各类建筑物和建筑小品。

文化景观是表现地方文化的最佳载体。旅游区的规划设计对地方文化的表达不仅仅是形式而是一种体验，旅游景观规划设计的过程即是需求和显现地方精神的过程。在这个过程中，各个旅游区之间最本质的区别往往不在于自然景观的差异，而在于当地人民在对抗自然的漫长历史进程中所形成的风俗习惯、历史文化、建筑文化的差异，简而言之，就是文化景观的差异。

所谓"十里不同风，百里不同俗"，不同地域的聚居环境孕育出不同的地域文化，要创造出特色旅游文化，就要充分挖掘和利用地域文化的独特性，以对当地的文化景观特征进行时空物化为手段体现当地的地方文化。从我国旅游景观规划设计以往的发展状况来看，过去一直强调以自然景观为规划主体，忽略了人文景观和人造景观的应用。但从旅游者的角度来说，他们和经营者之间所达成的协议虽然是经济的，但在服务内容上则要求满足其精神文化享受的需要。旅游者到一个地方旅游除了满足其基本的观光、修身养性的需求外，更重要的是了解当地的民俗文化、历史文化和建筑风格，以求得人性和精神生活的补偿。

文化是旅游的灵魂。作为旅游客体主要部分的自然景观和人文景观都是集中了大自然的精华和渗透着人类历史文化的结晶。旅游本身就是一项广义的文化活动，是一种高雅的文化享受。古人曰"游山如读诗""游山如读史"，旅游就是"读天地之大书"。特别是在今天，随着人们对精神、科学文化需求的提高，以观赏大自然美景\游览珍贵历史文化瑰宝、获得生动的自然知识和人文知识为主的文化旅游成为时代的风尚。因此，增添文化含量成为旅游业新的增长点和新的价值取向。对旅游区文化内涵特色的保护与开发是旅游业可持续发展的契机。

2.旅游景观文化策划的内容及范围

对旅游区的生态、地理、地质等自然环境的文化特征和野生动物的文化特征都必须予以保护，使其延续和发展，而不致损坏变形；对于那些体现民族传统文化、信仰文化和建筑文化的古建筑群（佛寺、佛塔、古塔、碑坊、宫殿等），更应当重点保护；对于旅游区的各种文化特色，例如独特的民族民俗文化、陶瓷文化、饮食文化等，都应保护原有的文化风格、风貌，不可因现代化建设而使之走形、消失。

除此之外，对于从事旅游策划、规划以及设计的专业人员来说，如何在保护的前提下发掘和利用景区的文化景观，并且在策划规划操作过程中有效地进行物化，用具象的形态生动形象地表达出文字化的主题思想，这是一个基本而重要的问题。也正因为如此，对地方文化的延续、开发已经成为旅游业新的增长点。充实旅游业的文化意蕴，营造旅游的文化氛围，被认为是旅游业充满生机、健康有序发展的标志。一个地区的旅游景观规划设计，往往可以通过对地方文化的开发利用而延续，更具有效益。然而有关地方文化的开发、利用与延续的价值，尽管已经被人们意识到，但重视程度远远不够，尚未被应用到操作实践中去，文化含量依然是发挥旅游资源优势的瓶颈。

在具体的应用过程中，首先也是最重要的是要从当地众多的旅游景观中发掘出最具有地方文化差异性的文化景观并从中提炼出某种主题，然后以主题为基础进行特色分区，最终通过对不同区域的非具象和抽象的规划设计，用具象的形态生动地表达文字化的主题，形成差异。

（二）规划中期：基于生态原则的旅游景观生态规划——确定选址及分区

1.旅游景观生态规划的重要性

旅游景观生态的稳定是旅游业发展的推动因素，景观生态系统的正常运作一是靠自然环境的调节能力，二是靠人工调控。一旦在旅游开发中进入"环境脆弱—资源掠夺—环境退化"的恶性循环，就应该考虑对该地景观进行健康诊断和优化设计，进而重建"生态—

经济"良性循环的旅游景观生态系统。

旅游景观规划设计迫切需要有相应的应用型理论模式来指导，这种应用型理论来源于景观生态学。景观生态学是地理学与生态学结合而产生的一门交叉学科，包含了生态学的思想和原则，同时重视考虑时空上的特色。其研究内容可归纳为两类：一是景观空间格局和行为格局的研究，二是景观生态规划。完整的景观生态规划学研究应该包括这两个方面。研究景观空间格局是为了认识景观及其变化动态，从而为更好地管理景观服务。景观生态规划是实现景观管理的一个很重要的方面，只有景观生态规划做好了，才能达到人与自然的和谐，才能实现景观的持续发展。

2.旅游景观生态规划的引入

由于当前的旅游景观规划设计仍然使用传统继承而来的规划思想和基本方法，在很大程度上落后于其他产业中规划设计实践的水平，这一现状导致了诸多弊端，极大地限制了旅游业自身的发展。尤其是当前面临着知识经济和人的主体意识的回归的个性时代。旅游者作为众多消费者类型中的一部分，他们的个性化需要也在极大增强，这就急切呼唤一种适应这一时代需要的个性规划设计理念。此时，"景观生态规划"理念的出现和引入可以有效地顺应这一新时代和新的旅游者需要的演变。对于丰富旅游景观规划设计理论体系和指导旅游景观规划设计实践都有不可或缺的作用。同时，许多其他产业和行业已经成功地运用了这一观念，旅游业是否能够及时有效地引入这一观念，对于其能否迅速适应时代的要求和旅游者的需要有着决定性作用。这一观念对于旅游业的适应性也使它可以更加完善地整合于旅游景观规划设计的理论体系中，更好地发挥它的作用。

景观生态规划设计与以往单目标的规划设计有着本质的不同，主要体现在它将景观作为"资源"并从"整体"上看待，并将人类需求与自然界有限资源持续平衡为目标相联系，主要把握宏观尺度上的资源配置。旅游景观的生态规划设计关注景观的优化利用与其生态条件相适应、相协调，强调景观供人类欣赏的美学价值和景观作为复杂生命组织整体的生态价值及其给人类的长期效益。其最终目的是要提出消除由工业生产、原材料开发、交通等社会经济活动给景观所造成的不利影响的合理建议；提出社会限制和需求与景观的环境生态协调的，具备最佳经济功能的景观组织方案；建立保证景观稳定发展的要素网络体系。旅游景观的生态规划与旅游区持续发展在根本目标上完全一致，其多目标性兼顾持续旅游的生态持续性、经济持续性（如强调资源配置）与社会持续性（如关注未来）。因此，这种适应性并非只是对这一行业的静态的适应性，而是动态的包括时空纬度上的适应性，即对这一时期（环境问题和旅游需求变化压力之下）的这一行业的适应性。

3.旅游景观生态规划的内容及范围

在具体的应用过程中，通过文化策划中对当地众多旅游景观中发掘出的最具有地方差异性的文化，我们可以确立旅游区的主题。在此基础上，就可以进行旅游生态规划。生态规划包括首先对旅游区地质地貌、生物水文、空气气候等自然要素的微观考虑，然后直接对斑、廊、基三大操作块进行宏观设计。

（1）微观考虑

地质地形：对地质断层、断裂带及地貌滑坡等灾害的调查，规划安排建设项目的可行性及防护工程的必要性等；保护有特殊的意义的地质地形，形成具有科学意义的旅游资源；规划中的建筑道路尽量依山就势，不搞大型的破坏性工程，总的思路是预防、保护和保持原有地形。

动植物：研究地带性植被的分布，实施绿化工程，经营绿色大环境，改善小气候，保护自然群落；针对区内植被不同的水土涵养、防护、风景、经济等功能，对植物进行合理开发，注意风景建设，提高美学欣赏价值；保护珍稀动植物资源，创造多样性环境，提高旅游吸引力；依托植被环境，创造野生动物栖息、活动、迁徙、保护和观赏的区域。

水文：保护水体和湿地，尽可能保持天然河道溪流，促进水文循环与防洪等；注意瀑、潭、泉或具有漂流条件的河流段开发利用时的环境容量。利用植被—土壤系统形成的过渡带，保护渗透性土壤，从而保护地下水资源。

气候因素：适应当地气候特征，充分利用气温差异和天然风等条件，因利乘势建设舒适的度假接待设施；建筑等建设项目的布局尽量不干扰天然风向，反之以适宜的布局形成、扩大风道，降低污染，丰富立体视觉；一些特有的现象如佛光、云海和海市蜃楼等，可以作为气候旅游资源，但在未完全揭示其形成机制之前，要保持原有的自然环境状况；针对气候灾害如暴雨、霜冻等，建立应有的预报预防系统。旅游地的开发建设中，应充分考虑与自然要素的结合，"装饰"而不是改变自然景观。

空气：增加植被总量，保证旅游区足够面积的绿地，使其成为制造新鲜空气的源泉。改进技术，减少废气排放。鼓励公共交通，减少交通总量。合理规划建筑物布局，使空气畅通。改善铺面材料，降低反射。

（2）宏观设计

景观生态学的核心概念是景观。景观的空间形态结构通常用斑（patch）、廊（corridor）、基（matrix）这三个元素来描述。同样，在旅游景观规划设计中，我们可以设想，在一个有边界的旅游开发区域，也有此类与旅游设计有直接关系的元素：斑、廊和基。斑代表与周围环境不同的、相对均质的非线性区，例如由景点及其周围环境形成的旅游斑。廊道指不同于两侧相邻土地的一种特殊带状要素类型。旅游地内主要的廊道类型是交通廊道，分区外廊道（旅游地与客源地及四周邻区的各种交通方式和路线与通道）、区内廊道（旅游地内部之间的通道体系）、斑内廊道（斑块之内的联络线，如景点的参观路线）三个层次；另外，有动物迁徙廊道、防火道等。旅游规划侧重对交通廊道的设计，依其功能层次逐层进行，同时进行旅游化设计，例如亭榭等的修建，增强输送功能。基质指斑块镶嵌内的背景生态系统或土地利用类型，一般指旅游地地理环境及人文环境的特征，分为具象（可见的）和抽象（不可见的、内心体会到的）两种，对基质的研究有助于认清旅游地的环境背景。

斑：斑块是物种的集聚地。它的大小、形状、类型、位置和数量对景观的结构有重要意义，在一个有视界的旅游区内，斑的操作要点主要表现在属性选择、实体操作和空间布局三个方面。实体设计这里不再赘述。

属性选择：主要为旅游景点的选择。要根据资源特色和市场需求，充分考虑景观固有的结构及功能，选择那些具有独特性、神奇性和吸引力的人文、自然景观进行开发，并注意景观多样性的组合。

空间布局：以区域内分散的群落式与区外集中式的旅游消费场所，对环境影响最小。区内分散可使建筑与周围环境相协调；区外集中式可使基础设施共享，能够减小对保护区内资源和环境的压力。

廊：如前所述，旅游景观规划设计侧重对交通廊道的设计，在旅游景观规划设计中交通廊道是指游客从一个旅游斑移到另外一个旅游斑的通道，有下面几个层次：

区外廊道：旅游地与客源地四周地区的各种交通方式和道路以及通道。对区外廊道的规划应该尽力使道路所通过的客流量与区内环境相一致。

区内廊道：旅游地内部之间的道路体系。对区内廊道设计要避开生态脆弱带，尽量选择生态恢复功能较强的区域进行，充分利用自然的通道，如河流等。但是连接各个景区的廊道长短要适宜，因为廊道过长会淡化景观的精彩程度，过短则影响景观生态系统的正常运行。

斑内廊道：斑块之间的联络体，如景点的参观路线。对斑内廊道的规划要以林间小路、河流、滑雪道等为廊道，并注意合理组合，相互交叉形成网络，强化其在输送功能之外的旅游功能设计，以延长游客的观赏时间。

基：基质一般是指旅游地地理环境类型以及人文环境特征，分为具象的（如旅游地背景生态系统或者土地利用类型等）和抽象的（如民风民俗等）。基质的作用在于以基质背景，利用遥感技术和地理信息系统技术进行景观空间格局分析，构建异质性的旅游景观格局，从而对旅游区进行景观功能分区和旅游生态区划，并分段进行主题设计，策划旅游产品形象，以体现多样性决定稳定性的生态原理和主题与环境相互作用的原理。

由斑廊基构成网络结构，旅游的一切生产和消费全部发生在这个网络中，这正是我们要构建的旅游景观规划设计的操作模式。旅游景观生态规划是根据景观生态学原理和方法，合理地规划旅游景观空间结构，使斑、廊、基等景观要素的数量及其空间分布合理，使信息流、物质流等与能量流畅通，使旅游景观符合生态学原理，具有一定的美学价值，而适合人类居住。

斑廊基网络结构具有空间可伸缩性，即我们可以将所设定的基维空间（此处指旅游区域）上下伸缩。例如，当我们将旅游区域的边界不断扩展，我们的规划设计也从某旅游地的产品设计扩大到当地范围之外的市场营销和管理，以及客源分析时，我们就可以建立一个按空间包含关系依次上升的等级体系。最高层的是全球范围（international），其旅游斑出入境游客数量最多的旅游也是最发达的旅游景观带；其次是国家范围（national）的旅游业发达的旅游景观带；再次为地区水平（regional）的旅游景观体系；最后便是景区范围的内部网络结构。

另一方面，这些不同空间水平的区域网络，结构上又是自相似的，即都是由所在空间等级水平的斑、廊、基构成。这种与空间变换、分析相连的结构自相似的本质在于本操作模式的结构元素斑、廊和基的概念是可以相互替换的，也就是说，当我们对某景区进行区域分析时，景区则作为分析的斑，称为斑景区分析；景区内部旅游功能分区及其结构元素规划设计时，景区则作为分析的基，称为基景区分析。这种将景区上下浮动一个层次的变换空间分析便构成旅游景观规划设计的核心。例如在森林公园中，森林是小木屋的基质，而如果将这片森林设计成为一个天然氧吧，一种有意图的设计，就可以成为一个吸引游客的旅游斑。我们可用下图表示这种空间形态结构关系。

（三）规划后期：基于艺术原则的旅游景观艺术设计——确定具体景观设计，表现主题，维护生态

1.设计与规划的关系

规划师们能够利用材料、形式、专业符号创作出他们相信会给使用者带来某种可预见的体验的物体、空间以及建筑物。实际上，使用者会根据他们对规划元素的感受来进行"再创新"，从而产生令人满意的体验。因为我们感知的过程其实是通过我们的感官进行形式再创造的过程，对这种现象的立即使我们清楚地认识到设计的创新功能。

在具体的设计过程中，首先以文化策划确定出旅游区主题，再以生态规划将旅游区进行特色分区，在此基础之上，在不同区域内部根据旅游区整体主题，运用美学原则进行具象（建筑物）和抽象（活动项目）设计。做好了文化策划与生态规划，在一个旅游区选定了正确的主题与分区，这是将旅游区做了一个概念规划，但是又将如何传达规划者的这种概念呢？在传达信息的过程中，设计的过程显得尤为重要。一个好的设计，不论是具象的建筑物还是抽象的活动项目都能够在保护旅游地生态环境的同时正确传达主题思想，并最终起到一个画龙点睛的作用，在游客心目中形成一个完整的旅游形象。

2.设计内容

要做好旅游环境的美学设计，旅游业必须提高管理和服务的美学水平。

（1）旅游景观硬环境风格控制

旅游景观建筑的设计要与周围环境融为一体，人文景观与自然景观共生度高，真正做到人工建筑与天然相协调，特别是旅游的基础设施，要实现充分的生态化。如旅馆的建材可部分利用可再生材料；饭店供应本地生产、加工的植物类食品；并注意与当地的自然人文景观的文化特征相协调一致，切忌用城市化、商业化的浓重气息来损伤各种景观原有的文化内涵和特色，更忌一切扭曲文化形象的景观污染事件发生。

道路的设计在施工上应尽力利用接近自然的无污染材质如卵石、沙子、竹木而排斥使用水泥、矿渣等对环境存在影响的材质。道路的选择和景观观赏点的设置要精心设计，使游客不仅仅停留在直观地看山看水上。

（2）旅游景观软环境风格控制

各个方面的服务人员在形体、服饰、发型、表情、语言、操作等各个方面都应该体现出高水平的美学修养，能够引起游客的审美情趣。旅游业运用美学原理和方法提高管理与服务水平，能使旅游客体的美学价值得到充分展示，使旅游主题获得更丰富的美感感受。

总之，在设计的过程中应该充分注意生态主义原则，但在另外一个方面，也应该知道设计是一个人为的过程，如果将生态主义理解为完全顺应自然的过程而不加干涉的话，就不可能存在生态主义的设计，因而不应该将人与自然对立起来，应该将人看作是自然系统的一个因子。基于这样的理解，生态主义设计意味着人为的过程与生态过程相协调，对环境的破坏减少到最小，使"技术"和"生态"、"人造"和"自然"达到和谐共生。

第三节　旅游景区设计的前期分析

一、旅游景区基础背景分析

（一）自然地理概况

主要指旅游景区的土地资源状况、水资源状况、生物资源状况和矿产资源状况。其中生物资源包括植物资源和动物资源两大类。

设计前期必须仔细对景点所在地区的自然气候，如温度湿度、降雨量进行研究和调查，还需要对景区的水资源进行分析，对河流湖泊的径流量、汛涨周期进行调查，为对水景的设计打下基础。与此同时，当地的植物动物的特性也是进行旅游景区规划设计时所必须考察的。

（二）旅游业发展的历史与现状

对当地的历史人文、风土人情，以及神话传说进行收集和整理，在掌握了当地旅游业发展的历史与现状后，才能确定设计的方向和风格。

（三）区位与可进入性分析

对景区所处位置以及周边城市发展状况和道路交通的发展情况进行调查，分析开发后游客可采用的到达景区最直接便捷的交通手段，以及对景区附属道路的开发和建设。

旅游资源开发要以便捷的交通做保证。旅游资源区位优劣主要依据现代旅游交通的便达程度来反映。旅途里程的远近、费用的高低、旅途舒适安全的程度，都直接影响旅游市场的大小和游客数量的多寡。

一个开发成熟的旅游景区必须具备良好的交通状况，公路、火车、航空、轮渡等多种形式的交通手段为旅游景区的发展带来便利。设计时也必须考虑景区的可进入性及进入的途径等方面。

（四）旅游客源市场分析

旅游客源市场有远地市场与近地市场之分。国内外旅游业的发展已一再证明，距离是影响旅游的最重要因素之一，而且近程市场任何时候都不应被忽视。近年来国内关于客源市场的研究表明，500公里范围内集中了旅游地80%的客源市场，城市周围250公里范围内是50%左右的客源市场分布区域，也是外地旅游者以中心城市为据点向外扩散的可能范围。另有研究发现，客源市场随距离的变化在近距离段比较敏感，到达一定距离（220～260公里）后，敏感程度变得相对迟钝，说明一个旅游中心地的吸引范围是有限的。这些研究证明了国内市场的主导地位不容置疑。市场决定了近程观光和短途度假产品是我国近中期旅游产品的主要走势。

应对景区所属的省市以及周边毗邻的省市进行了解和调查，对游客的消费能力、消费习惯、旅游喜好进行分析，服务于景区配套设施的设计。

（五）旅游资源及其分析与评价

旅游资源是指对旅游者具有吸引力的自然存在、历史遗迹和文化环境，以及直接用于旅游娱乐的人文景观。旅游资源按属性可分为自然旅游资源和人文旅游资源。

旅游资源分析和评价是一项重要而极其复杂的工作，它是进行旅游规划的一个前提。区域旅游资源评价通常包括旅游资源要素分析与评估和旅游资源组合评价。旅游资源要素分析与评估的内容主要包括区域旅游资源各要素的性质、状态、形成、演化、旅游价值等。旅游资源组合评价又称旅游资源结构评价，主要内容是分析旅游资源要素在研究区内的类型组合、地域组合和级别配置关系，以揭示区域旅游资源的整体功能。类型组合指研究区域内各旅游资源要素之间的关联性和功能互补性；地域组合指旅游资源各要素在所研究的空间范围内的分布格局或空间配置关系，诸如空间上的集中或分散性、交通通信的便捷程度等；级别配置是指在区域旅游资源系统中，各层次旅游资源的配置及其关系的密切程度。但在旅游资源的空间分析评价方面，目前国内尚缺乏全面细致的研究。

二、旅游景区景观生态分析与评价

（一）旅游地景观多样性分析

1.基质判定

基质是构成景观背景的地域，是一种重要的景观元素类型。它在景观中面积比重较大，具有高度连接性，对景观中的能流和物流具有控制作用，即在很大程度上决定着景观的性质，对景观的动态起主导作用。因此，在旅游地景观多样性分析之前有必要进行旅游地景观的基质判定与分析。判定基质一般有三个标准，即相对面积要大、连通程度要高、具有动态控制功能。

2.景观多样性分析的选择依据

景观分析与评价的内容较多，如景观多样性、景观宜人性、景观功效性、景观美学价值等方面。仅对旅游地景观多样性进行重点分析与评价，主要可基于以下三点考虑。

（1）景观多样性与生物多样性有着密切联系

景观多样性是生物多样性的重要研究内容和组成部分，是景观水平上生物组成多样性的表征。生物多样性是人类社会赖以生存和发展的物质基础，其保护不仅仅是现代生态学和环境科学的研究内容。联合国环境规划署（UNEP）制定的"全球生物多样性策略"特别强调保护生物多样性，"活动的地区不仅在荒芜的保护区，还应该包括人们生活和工作的地方"。因此，旅游资源开发中的生物多样性保护也日益显得重要和迫切。但是，从以往生物多样性保护实践来看，单一物种的保护措施难以成功，这样势必要求生物保护战略寻求合适的研究尺度和途径。景观单元是物种多样性空间分布的载体，是比群落和生态系统更宏观的生态过程模型或框架，具有"人类尺度"（因人类经济开发活动主要是在景观层次上进行的，故称之），它能解决许多在其他低级生态组织层次上无法解决的问题。景观多样性是因物种多样性在不同景观单元中分布差异而形成的，因此，物种多样性和景观多样性存在跨尺度、跨层次的结构和功能关联。景观可作为生物丰富性的储藏所，景观异质性是物种多样性的基础。景观多样性是生物多样性的最高层次。同时，只有丰富的物种多样性才能形成缤纷多彩的群落景观和旅游生态景观，才能使自然旅游景观充满生机与活力。

（2）多样化的景观类型是自然美的源泉

在大多数地区，由于人类的干预已经形成并保持了许多独特的景观，这些景观已具有生物体或人与自然环境相互融洽的整合美，在历史意义和旅游方面都有很高的价值，给人类提供了丰富多样的风景资源和美的享受。旅游地景观多样性及其分布的合理性还直接影响着游人的审美取向和心理感觉。

（3）景观异质性原理是景观规划的核心理论

景观规划涉及景观结构和景观功能两方面，但其焦点在于景观空间组织异质性的维持和发展。异质性的存在决定了景观空间格局的多样性，景观异质性的变化导致了景观多样性的变化。因此，对景观多样性的分析探讨可进一步揭示景观异质性的内核及其作用机理。

景观多样性是景观元素或生态系统在结构、功能以及随时间变化方面的多样性，反映了景观的复杂性。它包括景观类型多样性（Type diversity）、斑块多样性（Patch diversity）和格局多样性（Pattern diversity）。鉴于景观生态学一般关注中尺度下的研究，根据上文的分类系统此处主要对景观类和景观组两个级别进行格局统计与分析。其操作是在已绘制的景观生态图上，先对以下基本参数进行量算，即斑块的种类、数量、面积、周长等，廊道的种类、长度、宽度、面积等。然后，运用形状指标、破碎度、优势度、分维数等空间格局定量指标进行计算和分析。

3. 景观类型多样性

类型多样性指景观中类型的丰富度和复杂度。它多考虑景观中不同景观类的数目和它们所占面积比，是景观异质性的一种测度方式。类型多样性的测定指标包括类型的多样性指数、优势度、均匀度等。

4. 格局多样性

景观格局的研究核心就是在看似毫无规律的景观特征中发现其格局的组成韵律，如聚集度、均匀性和分形特征等。景观格局多样性指景观类型空间分布的多样性和各个类型之间以及斑与斑块之间的空间关系、功能联系。

格局多样性多考虑不同景观类型的空间分布，同一类型间的连接度和连通性，相邻斑块间的聚集与分散程度。旅游地"斑—基—廊"的分布格局直接决定着旅游地结构是否合理，物流、能流、信息流是否畅达有序，生态系统是否平衡，生态环境是否健康等。格局多样性的测定指标包括聚集度、分离度、分形维数等。

5.斑块多样性

指景观中斑块（广义的斑块包括斑块、廊道和基质）的数量、大小和斑块形状的多样性、复杂性。斑块多样性的测定指标包括斑块数目、面积、形状、破碎度、分形维数等。

（二）旅游地景观生态适宜性评价与功能分区

要合理地对核心保护区、缓冲区和廊道进行设计，需要了解物种、群落的空间布局，研究景观的适宜性。利用景观生态学与旅游学融合理论中景观结构和过程的相互作用原理，参照结构规划中的景观格局划分，结合地貌、植被、水文等特征进行旅游地功能分区，使各区的功能相对独立。有意识地实施特定分区，将保护自然栖息地和生物的多样性作为一个重要的设计要求，保护旅游景区的自然原始风貌，保证旅游景区规划的可持续发展。

实践中，景观规划的主要问题在一定程度上可归结为适应地方物种个体生态需求而对斑、廊、基的设计。目前对这种复杂而困难任务的一个做法是强调景观单元及其组合结构与特定物质的制约关系，认为不可能将景观设计得适宜所有栖居者，但必须明确核心物种以使设计能够满足一些已知的需求。这些物种数量虽少，却具有突出的生态重要性。基于此认识，考虑到景观利用的"垂直"分配，通过多个限制量化图层的叠加来实现景观生态资源的"适地适用"。

这与景观格局优化主要关注景观单元在空间分配上的生态合理性相一致，因而适宜性评价可以为景观规划与设计提供依据。

（三）旅游地景观生态功能分区

旅游景区生态规划强调的是对景区本身的保护性开发，根据生态敏感度的不同，对旅游地进行功能区划分，确定不同功能区的旅游活动项目和设施建设，通过功能分区进行分区保护与利用是极为必要的。功能分区既是拟定旅游实体规划的重要手段，也是旅游地景观生态保护的重要依据。这种区划不宜依行政分区来划分，而应充分考虑旅游地本身固有的自然地理特征和生态区域特性。就目前而言，绝大多数旅游地的功能分区都是通过人为主观判断来划分且多以定性分析为主，带有明显的主观臆断性和随意性。为了尽可能减少分区的人为主观性和各功能分区边界的游移不确定性与不合理性，本研究拟通过景观生态安全格局的识别来确定旅游地景观的功能分区。景观生态安全格局中的景观"源"与"汇"即为前面分析中所确认的作为保护地的核心林地斑块。

第四节　生态旅游景区规划设计分析

一、生态旅游者旅游心理与旅游形式分析

（一）生态旅游者旅游心理与旅游需求

不管人们外出旅游究竟抱有何种动机，为了满足何种需要，有一点可以肯定，即旅游所满足的需求是一种心理需求，旅游是人类的一种精神活动。因此，无论是逃避、休息放松、探新求异、自我发现，还是名望、挑战与冒险等需要，都是旅游者社会心理的一种表现形式。回归自然，返璞归真，到静谧、优美、开阔的环境中放松身心，已成为一种既难得又必要的享受。生态旅游者选择生态旅游方式的社会心理有深刻的社会背景：一方面，人类与自然有着天然的亲和感。在城市化不断发展的今天，"城市病"也在不断蔓延，随着城市环境问题的日益突出，人类对良好生态环境的本能渴望越来越强烈。另一方面，随着人们生活水平尤其是文化知识水平的提高，环境意识不断增强，对旅游的感知、期望、态度和价值取向也在发生相应变化，旅游者越来越重视旅游环境质量。人们开始追求一种回归自然、自我参与式的旅游活动，希望在享受自然的同时，尽一份爱护自然、保护自然的责任心，渴望与大自然融为一体，体验"人与自然和谐统一"的高雅享受。生态旅游正是满足现代人享受这些新需求而发展起来的一种以欣赏和探究自然景观、野生动植物以及文化特征为目的且有助于自然保护的绿色旅游。

（二）生态旅游者的旅游形式与旅游地用地分区

生态旅游的活动形式多样，从性质上分，可划为观光型、科教型、探险型、保健型、农业型和民俗型等类型。生态旅游地从分布看多数位于较为偏远的丘陵山地区，而丘陵山地区是极具生态价值的综合型生态旅游资源，如山地的绿色植被、丰富的动植物、垂直带谱、空气等对生态旅游者具有极大的吸引力，造就了丰富多样的山地生态旅游形式与内容，诸如登山、健行、森林沐浴与探秘、动植物观赏、温泉疗养、瀑布探奇、山地科考、教学实习、露营野餐、漂流探险等。旅游地的用地分区依据游人在风景区内涉足的范围和活动频率的差异，可划为三类：活动区、缓冲区和背景区。活动区指游人观景、游憩活动主要使用的空间，使用频率高，有明显的活动足迹；缓冲区介于活动区与非活动区之间，有足迹，但影响力度较小；背景区是风景区相对"清洁"的地区，足迹干扰不明显，无污染物倾泻。

二、旅游地景观规划与设计的思路

（一）规划设计的思路

规划突出生态保护性开发特色：从整体到局部，从宏观到微观，尽可能保护景区优美的山水环境空间形态，适度开发，力求与自然生态环境紧密结合。基于前文系统的自然背景分析，可本着景观生态整体性的保证和空间异质性结构图式的设计两大基本思路，先进行整体规划设计，然后在此基础上进行分景区规划设计，再在分区规划设计上进行旅游活动密集区与分散区的重点规划设计。这三层规划设计都基于景观的斑—廊—基结构进行，并把功能规划与结构规划结合到这三个规划设计层中去。同时，各个层次都突出其大致的主题与形象构想。

（二）规划设计的目标

因生态旅游地的发展依赖于高品位良好的生态环境，故在总目标的前提下，确定其基本目标为生态旅游资源及其环境的保护物种多样性、景观多样性及资源利用永续性的保护。生态旅游是一种以自然生态得到保护为主要预期结果的特殊旅游，是以毫无雕琢的自然美景为取向的旅游，绿色景区是其核心，是整个旅游活动的中心和依托。认识自然、享受自然、保护自然是生态旅游的最主要特点，它反映了人们与自然和谐相处的愿望。所以，旅游资源的保护是第一位的。为了遵循生态伦理，只能进行有限量的开发，在开发过程中既不应花过多精力改变旅游地的资源条件，也不应过多建设旅游娱乐设施和基础设施等实体，重点是设施组合、景点优化，使人为设施与自然景观和谐，维护景观的多样性并增强其自稳定性。其第二目标是实现旅游地社区经济的发展。在确保生态旅游者获得非凡体验的同时，使环境变化维持在可接受范围内，使社区经济实现可持续发展。只要在环境承载范围内，通过形象策划和广告宣传吸引大量游客是应当鼓励的，力争给生态旅游地带来好的经济效益，以促进旅游资源利用的良性循环。但这与大众化旅游"吸引尽可能多的游客，赚取尽可能大的利润"的经营理念不可同日而语。总之，实现旅游的持续发展和自然环境的有效保护是其开发规划的双重目的所在。

（三）规划与设计的基本原则

1.整体性原则

景观是由一系列生态系统组成的具有一定结构和功能的整体。生态区内生态环境的复杂性和多变性，资源的多样性及利用的多宜性，开发利用的多目标、多层次性，客观上要求从整体出发。景观生态规划与设计应从全局、综合、系统的观点出发，把构成景观整体的所有元素都作为设计变量和目标，并从"整体"上来思考与管理。同时，将人类需求同景观的自然特性与过程联系在一起，关注较宏观尺度上的资源配置，强调宏观的综合整体效益，谋求经济、社会、环境三种效益协调统一与同步发展，使景观系统结构和功能达到整体优化状态。

2.微观与宏观相结合的原则

对某一碎裂种群的保护，往往须从局部的生存环境考虑，设计适宜的保护区，与此同时，人为地将它与外界隔绝。但从长远角度考虑整个景区生物种群的保护，必须从宏观上研究不同碎裂种群之间的相互联系和保护，如建立合理的缓冲区和生态廊道等，在加强不同栖息地之间联系的同时，促进生物种群之间的基因交流，提高物种多样性。

3.异质性与多样性原则

异质性的内涵是景观组分和要素在景观中总是不均匀分布的，一个景观生态系统的结构、功能、性质和地位主要取决于它的时空异质性。时空异质性的交互作用是导致景观生态系统演化、发展与动态变化的根本原因。景观空间异质性的发展、维持和管理是景观规划与设计需要考虑的对象，多样性的存在对确保景观的稳定，缓冲旅游活动对环境的干扰，提高观赏性方面起极其重要的作用。多种生态系统的共存并与异质性的立地条件相适应，既能保证旅游区物种多样性和遗传多样性，又能保障景观功能的正常发挥，还能使景观的美学效果达到极高的水平。因此，多样性既是景观规划与设计的准则，又是景观管理的结果，旅游地规划的重点是景观多样性的维持、旅游空间多样化的创造，以满足都市人摆脱单调城市景观，"返璞归真"、贴近自然的渴求。

4.生态美与自然优先原则

生态美包括自然美、生态关系和谐美和艺术与环境融合美，它与强调人为的规则、对称、形式、线条等传统美学形成鲜明对照，是景观规划与设计的最高美学准则。而美除来自人工风景外，最重要的还是源于自然界，表现为多种自然美感，如雄伟美、险峻美、奇特美、幽深美、秀丽美、格局美、珍稀美、声响美等。从生态体系总览，它可归结为两个方面：一是顺适，即给游人以和谐、统一、融合、舒爽的美感；二是奇突，不平淡，即具有"超群脱俗""新奇夺目"的诱发力。这些美感无不产生于生态系统和生态环境。因此，旅游地的规划与设计必须美化环境，增强对游人的吸引力。生命力特性要求规划设计的旅游地景观应具有良好的生态循环再生能力；和谐性要求旅游地人工与自然互惠共生，相得益彰，浑然一体；健康性要求在争取人工与自然和谐的前提下，创造出无污染、无危害，使人生理、心理得到满足的健康旅游环境。总之，一个区域的自然环境是本地特色的最基本体现。任何一项旅游规划都应遵循最小变动的原则，做符合原自然本质的设计，即设计尊重自然。

三、景区斑—廊—基系统规划与设计

（一）整体规划设计

这实质是整体优化原则的具体运用。整体规划设计应强调以下两个方面的特点和功能：一是都市居民休闲疗养场所。作为旅游休闲地，主要为居民提供一个回归自然、康体休闲的户外绿色空间。二是自然生态景观。强调自然的生态群落和自然景观成为最佳的返璞归真、休闲疗养的环境，维护和再建植被景观与丰富多彩的景观类型。景区应力求在保护的基础上强化山水林景观特色，将景区内的自然地理特征作为景区总体规划设计的重要构图要素，以展现"青山—绿水—秀峡"的原生风貌，突出"生机—野趣—和谐—宁静"这一回归自然的旅游主题。为突出这一总的旅游主题形象，整体规划设计必须力求在生态上与自然环境保持平衡关系，而且在形态上呈有机联系，维护研究区景观基础格局生态安全之稳定。由于物种生存受到威胁主要在于生境及栖息地的破碎化和单一化，因此，规划设计时应重视景观的连续性与异质性。根据Forman生态空间理论，认为集中使用土地可以确保大型植被斑块的完整，充分发挥其生态功能。另外，还须充分考虑景观的固有结构及其功能，如河流廊道、大的自然斑块等。为此，在进行旅游景观生态规划时首先要确定研究区内必要保护的斑块、廊道和基质等景观要素，这些要素构成本区不可替代的景观格局（亦称基础格局）。在此基础上，选择或调控个体地段的利用方式或方向，形成景观生态系统的不同个体单元，亦即要根据"控制局部–协调整体"的思路，进行总体规划设计。从分水岭到斜坡再到谷底，针对不同的立地条件，分别维护或重建具有保护功能、缓冲功能和生产功能的生态系统。景观规划第一优先考虑保护或建设的格局是作为水源涵养与本地生物种保存所必需的大型自然斑块、现有植被保护良好且离人们活动区有一定距离的自然地带，即"源地"区。其次是有足够数量和宽度的用以保护水系和满足物种空间运动的廊道。对于核心斑块（自然地）不仅要考虑斑块的景观适宜性，而且斑块的面积应能维持一定物种数量，以构成生态旅游目的地的基调。核心斑块的选择，主要依据前面景观适宜性评价和景观功能分区分析中的景观耗费表面"源地"区。根据采伐的模拟表明，景观中至少有50～70%的原森林生境才能保护物种及生态过程的健康和维持正常秩序。因此，有理由认为如果这些"源地"得到了有效的保护与改善，将能保护本区的生物物种及生态过程的健康发展。必要廊道需要辨识两种情况：其一是对现存生境廊道的保护，为避免不同核心斑块被隔离，必须严格保护现存的生境廊道；其二，是对潜在生境廊道的建设，在条件允许时，通过植被重建，建立适宜的生境廊道。所说的必要廊道主要包括生态廊道与水系廊道两种。其中，生态廊道主要是连接相邻两"源地"的主要生态流通道，建立在最小耗费通道上的水系廊道主要是研究区内峡谷中与峡谷并行的溪流。这些水系廊道是维护本区水生生物的根本保证。而核心斑块与必要生态廊道是维护本区陆生动植物生态安全的基本保证。

（二）旅游地景观功能布局及其规划设计

要构建旅游地异质性的景观格局，还应分景区进行规划设计，以体现多样性决定稳定性的生态原理和主体与环境相互作用的原理。景观功能布局亦即结构规划，是对构成区域相对低层次的景观生态系统及其空间配置的研究。根据前面的景观耗费表面功能分区分析与旅游地用地分区思想，对研究区进行旅游地用地功能布局。旅游景区规划常分为核心生态源地保护区、生态缓冲区、生态调和过渡带与旅游活动区、农耕与旅游服务区、居民生活区等。各区的功能规划如下。

1.核心生态源地保护区

它既是本区当地物种的衍生源地，又是水域景观的水源涵养区，同时还是突出"回归自然"基调的旅游背景区。故其景观规划设计要点应是：以封山保护为主，仅供观测研究，禁绝一般性生产利用，旅游利用只适于远处观赏。在封禁区的周边明显处，如主要山口、沟口、交通路口、溪沟交叉点等竖立提醒的公示标牌。

2.生态缓冲区

它基本上是由景观耗费表面所确定的缓冲区。其主要功能是保护核心源地保护区的生态过程和自然演替，减少外界景观人为干扰带来的冲击。在旅游资源的开发和利用上，由于缓冲区紧贴核心源地区，其与核心源地无论是在生物流的交换上还是在景观的连通性上都息息相通。在这一区域即使进行轻微的分散旅游活动，也可能给缓冲带带来破坏，进而危及核心源地的生态稳定，所以这一区域不宜开展有关的旅游活动，即使观光型活动也应尽量避免。

3.生态调和过渡带与旅游活动区

生态调和过渡带位于生态缓冲区的外界，但它在生态功能上也有不可忽视的作用，它的存在使得缓冲区受人为干扰的影响变得间接了，更加有利于核心区的保护与稳定。同时，也因它与核心源地区之间隔有一条缓冲带，既有良好的生态环境，又具有一定的抗干扰能力，所以这一地带又成了以低干扰强度为特征的生态旅游活动得以开展的主要场所。它是核心源地区的外保护层，原则上应少开发旅游活动为宜；从实际上讲，它往往又是生态旅游资源的集中区，是生态旅游开发的主要地带。因而，如何协调二者的关系，进行保护性开发显得十分重要。由于多样性的存在对确保生态系统和景观的稳定性、缓冲旅游活动对环境的干扰性、提高景区观赏性方面起极其重要的作用，所以在这一带应着重考虑景观和生物多样性的提高。

（三）旅游活动区规划与设计

旅游活动区是设计中最重要的部分，这一区域山形观赏价值高，水景多变，生物种类多样，可将景观与园林设计相结合，将其建设成综合开发中心，以游览鉴赏为途径，把旅游服务设施和景观设计有机融合于山水之中，使风景区的景观美不被削弱又能产生经济效益。对这一旅游活动密集区总的规划设计方案构想是：① 相地合宜，林、草、溪、瀑、潭，尽显自然生态之美；② 在总体景观布局、功能分区和整体山地绿色背景的基础上，重点进行规划设计。

总之，在上述规划设计中，首先要控制建筑物的规模和数量，特别是一级景观敏感区更应如此，以达到有效控制、突出主题和减轻污染之目的。同时，在缓冲区和核心区内不修建任何餐饮及住宿设施，以减少因旅游业无序化发展而对生态旅游区造成的污染和破坏。其次要重视旅游区（点）及其周边生态环境的建设。一要对可植树的立地实施绿化工程，提高绿色覆被度；抓好天然林保护工程和退耕还林（草）工程，建立绿色天然屏障，从而改善生态大环境，实现生态良性循环。二要加强山区地质灾害防治和综合整治。如造林种草稳定边坡、修建坡地排水系统。规划设计使各个片区各具特色，或曲水流觞，或登高览秀，或野径通幽，从封闭的森林、峡谷空间到开阔的草场、山顶空间，形成一个自然和谐的生态旅游地。根据旅游地景观生态学融合原理，对研究区原有斑块格局进行优化组合、调整的主要考虑原则有：① 突出山林风光，增强森林景观的连续性与变化性；② 稳定社区经济发展；③ 照顾现有的景观型单元的完整性；④ 丰富旅游景观及其参与性；⑤ 确保核心源地保护区和生态缓冲区的生态稳定性。据此，优化调整的主要对象为核心源地保护区和生态缓冲区的针叶林、耕地、园地、荒草地和部分灌木林。

现存的景观起源于五个主要的自然过程：地貌、气候、动植物定植、土壤发育和自然干扰。景观在这些自然作用过程中又受到人类活动的深刻影响。在较大的空间尺度上，地貌和气候对景观过程常常起主导作用，而在中小尺度上，植被、土壤及人类活动等的分异作用更为明显。因此，旅游地廊道景观的规划与设计中应兼顾自然与人为两大方面的景观过程。

廊道规划设计包括硬件与软件两方面。硬件方面如绿带（林带）、蓝带（水系）和黄带（道路交通）等带状物的优化，完善生态流通道，形成合理的旅游路线体系，使游客体验生态之旅的乐趣，又尽量减少旅游对环境的破坏。因此，廊道的增加与否及增加多少，还必须充分考虑野生动物生态环境这一类特殊景观的要求，如果其生态环境破碎化过大，将给生物个体、种群、群落的生存繁衍带来严重干扰与抑制作用，甚至造成灾难性后果。另外，就旅游角度来看，连接各景区的廊道长短也要适宜，过长会淡化旅游景观的精彩程度，过短则给人以刚开头就结了尾意兴未尽的遗憾，也会影响游客的兴致。

四、规划方案的景观生态学与旅游学分析

景观规划主要体现在结构和功能上，景观生态学对生态环境的评价是通过两个方面进行的：一是空间结构与特征分析，二是功能与稳定性分析。景观规划与设计必然使景观格局发生变化，从景观生态学结构与功能相匹配的角度来看，结构是否合理决定了景观功能状况的优劣，决定了人们对自然法则的尊重程度。在景观稳定性分析中，景观的稳定类型是由具有较高生物量、生命周期较长的物种（如乔木、灌丛等）和起决定作用的高稳定性或亚稳定性类型组成，该类型具有较强的稳定性。通过对规划设计调整后的旅游地景观结构要素的指数统计计算，并与景区现存景观结构指数进行对比分析，可权衡出旅游地保护性规划设计的结果优劣状况与优劣程度，并在具体实施中进行适当的动态调整，使之更加合理化。

第五节　旅游景区入口场所设计

尽管人们历来重视风景区保护与开发的问题，但过度开发和未开发的问题却长期存在于风景区入口空间的建设中。本节通过分析研究入口空间的重要性，探讨其中存在的问题和发展趋势，尝试在经济性和生态原则中立足，找到适合的解决途径。

一、旅游景区入口空间组织

（一）旅游景区的空间组织

风景点是游赏地点中最值得观赏的，也是风景区的精华。只有将众多风景点的观赏视点有机地组织起来才能形成"横看成岭侧成峰，远近高低各不同"的观赏感受。观赏路线就是串联这一切的观赏点。游人在风景区沿观赏路线逐一感受这一系列有组织的空间，不停顿的审美过程，即是游览活动。所以，风景必须是按照游览路线将空间序列不间断连接起来的。序列的设计通常是在艺术创作中的开始、引导、高潮、尾声这样一个布局中体现出来的，但人们总是集中体现高潮部分，忽略了其他组成部分。然而，只有通过暗示、引导、层层深入、把握抑扬顿挫的节奏，才能真正形成正向叠加的空间感受，从而渲染、烘托气氛，迎接高潮的到来，达到留出感悟、回味的空间。

（二）旅游景区的入口空间

空间序列开始的标志和引导段的起始即是旅游景区的入口空间，当入口就是出口的时

候，也是序列构成的尾声，是存在逆向的过程。入口空间区别了风景区的"内"和"外"。

原始的自然风景本没有"内""外"之分，但经过人们有意识的组织，各风景就有了"内""外"之别，这就是有组织和无组织的区别。路——作为衔接内外空间的主线，降低其等级，改变其路面材质，与自然形态的结合，都是限定内外空间的要素。这一线性空间中，有组织的自然物和人造构筑物就更加强化了内外空间的限定。

如我国山林佛寺的入口空间，常以亭、塔、牌坊作为空间序列开始的标志，借助香道的蜿蜒曲折、高下起伏的引导，富或大自然的馨香音响和佛寺悠远浑沉的钟鼓梵呗之声的召唤，引人通幽探胜。位于城市环境中的风景之地，难以完全屏蔽城市交通的纷扰，"内"与"外"之间营造"半内"或"半外"的过渡空间，有利于游人心理的转变，如抬起或下沉地面，以植物或矮墙围合空间。

入口空间需要表现风景区的性质、内容及特征。按照风景区的特色可以分为草原风景、水域风景、溶洞风景、森林风景、山地风景、沙漠风景、雪地风景等，入口空间通过景色不同的自然环境，提炼具有代表性的要素，来表现风景区的特色。如杭州西湖风景区的太子湾公园，入口空间以颇具自然情趣的仿木段园名标志，突出了公园以朴拙的自然风情见长的特点。南京中山陵风景区入口空间以半圆形广场、牌坊和坡道限定的空间表现出开阔广博的个性，而松柏等常绿树种的配植，又衬托出空间庄严肃穆的氛围，与风景区的纪念主题相一致，反映了孙中山先生开阔的胸襟、平实的性格。

然而入口空间也是缓冲与回味的空间。如今现代交通日益发达，风景区的外部交通也越发复杂，须在入口空间留出足够的交通停靠面积来容纳内外交通的转换，以便起到缓冲的作用，又能够让人们充分完成心理转变的过程。通常游人需要一个缓冲空间来应付由车行转为步行状态引发的人流聚集，让游人由速度导致的紧张在步行状态下得到放松。恰如其分的入口空间能够引发游人兴奋、期待、好奇的情绪。原本是风景点的可能会成为观景点，原本是入口空间的组成要素则变成平远景致中的景点要素，如塔、亭、牌坊等。入口通常是游人集中消费餐饮和集中购物的地方，购买和消费旅游商品也形成了对景区文化的认识。犹如在佛寺游赏参拜过后，香客们在佛寺享用斋菜，这个过程就是消费和认识佛教文化的一部分。

入口空间面临需要解决景区配套的交通、管理、服务、办公等功能。随着现代风景区服务对象范围的扩大，其配套性功能所需的空间也在不断增加。入口空间在规模较大的风景区中本身就是一个建筑群，自身也存在完整性。景区的秩序和游人的心情直接受到入口空间功能组织是否合理的影响，现在人们对环境要求和服务质量的要求越来越高，旅游竞争也日趋激烈，入口空间就担任了展现风景区整体面貌的重任。

（三）旅游景区入口空间组织的原则

受旅游经济利益的影响，需要扩大风景区建设的广度和深度。开辟新景区和扩建老景区能够满足社会不断增长的需求，但同时也带来了种种问题。

在原有规模基础上扩建风景区的入口空间，通常是加建服务性设施，原有部分和加建部分的协调性显得格外重要。

第一，规模要相称。即景区和入口空间的规模要相称。在景区合理的空间内控制旅游设施的规模，既要保证游人活动的方便与舒适，又要保护生态资源。倘若单方面追求经济，容易导致扩建后入口空间与风景区的整体规模不协调，形成头大身子小的状况。

第二，氛围要协调。即景区和入口空间的氛围要相称。假设景区的总体氛围是庄严且肃穆纪念型的，那入口空间的氛围就不适合热闹的商业型，应该保持整个空间序列的完整性。例如南京中山陵风景区，其建筑群原本的空间序列就是非常完整的实例，但为了扩大经营商家的面积，就在原本的入口空间加建了一条商业街，使游人必须通过这条商业气息浓郁的街道才能到主体空间，不仅破坏了原本的庄重气氛，也限制了游人的视线，使游人无法看到高处纪念的信号，简化了心理和形象上的暗示。

新景区的开辟过程中，风景点的开发固然重要，但入口空间的设计也不能忽视，因循守旧的入口模式不能适应现代风景区的建设要求。传统风景区入口空间通常由入口标志、票房、停车场及小卖部组成。而现代旅游由于配套服务设施的完善和对旅游经济利益的追求，往往在入口空间增加了商业、餐饮、管理等功能，甚至出现了公交站、行李寄存点等新形式。尤其是随着我国汽车工业的发展，停车问题将是影响风景区入口空间建设的重要方面。因而在风景区入口空间的规划设计中必须增加新内容，满足新需要，以适应现代旅游业的发展。

风景区入口空间的规划设计中在增加新内容、满足新需要的同时，还要避免城市化的倾向。大广场、大绿化的方式仅适用于某些城市公园，风景区入口作为城市公共空间要顾及区域总体规划和沿街景观要求。而多数风景区地处城市边缘，地形、地貌和地域文化又具有独特性和唯一性，因此设计时应营造有特色的入口空间。同时，入口建筑设计要树立精品意识。在现实生活中，简易的塑料板拼装式票房仍随处可见，甚至用搬来的电话亭作为临时检票亭，严重影响了风景区整体的美感。建筑虽小，设计也要精心推敲，作为风景区的门面，入口建筑应作为景点设计，使其融入景色，甚至创造风景。风景区的分期建设常常导致入口空间功能不完善，使得入口空间秩序混乱，流动商贩随处摆摊，极大地损害了风景区形象。此外，后期建设不服从整体规划，随意加建现象也较为严重。

（四）旅游景区入口空间的发展趋势

与现代游憩活动相适应的风景区建设推崇以人为本和可持续发展的原则，与此相适应，在风景区入口空间设计中也存在新的发展趋势，入口空间存在景区化的趋势。在自然环境优越的基地，结合地形地貌设计的入口空间本身就是风景点，而彰显地域文化的建筑群或精心的环境设计可以弥补先天自然条件的不足而成为游赏的对象。

入口空间还存在服务设施集中化的趋势。由于生态环境和资源环境的制约，服务设施往往集中在入口空间，这对于缓解开发与保护的矛盾有利。

而位于城市范围内的风景区入口空间具有兼顾城市居民日常游憩活动的趋势。由于管理体制的制约，风景区通常采用封闭式管理。不同于外来游客，本地居民日常的游憩活动需要相应的场所，而位于城市中的风景区是实现城市游憩功能的重要场所。因此，风景区的入口空间设计要兼顾市民日常的休闲活动，这不仅是城市文化层次的体现，也真正渗透了以人为本的设计理念。

（五）旅游景区入口空间研究的意义

风景区作为有限的自然资源，在其开发与保护上历来存在争议与矛盾。

面对不可遏制的假日经济大潮和人们休憩活动的现实需要，如何在开发中多一点保护，在对立的矛盾中间寻求中庸的解决途径是专家与公众共同关心的问题。风景区入口空间一般位于景区外围，在此加大建设力度可以减少景区内部的工程量，从经济性和生态的角度考虑都是有利的，因而不失为一种解决矛盾的方法。

二、旅游景区入口景观设计的特点及手法

（一）旅游景区入口的标志

名胜风景区通常以真山真水、浩瀚的自然空间和瑰丽的园林景色取胜，如山东泰山、福建武夷山、四川峨眉山、桂林七星岩等。由于范围广阔，不便设置固定的界址，其入口设置多半在风景区的主要交通枢纽处，结合自然环境，在前区先设立景区入口标志，继之设立票房和管理间。进入景区内再按不同景区、景点分设各入口。在规模较大的风景区，票房还可结合各景点分别设置，以便于管理。

1.入口的组成

景区入口组成包括入口标志、票房及停车场等。山区风景点有些还设有旅游建筑和供客用的其他服务设施。如小卖部、旅游纪念品售卖点等。

2.入口标志的景观设计要求

入口标志是入口的重要组成部分，用以指明景区的入口位置，标志宜明显，易为游人瞩目。优美的入口形象有助于吸引游人，在山区经过长途跋涉，可使人精神振奋，寻奇探胜的欲望更为强烈。入口标志的造型要富有个性，体量不一定要大，材质不一定要高。入口设计要根据实际环境，从整体出发去考虑其空间组织及建筑形象，立意要切合景区的性质与内容。

如广东西樵山风景区，前区的入口标志采取牌坊的形式，号"云门"。"云门"牌坊的位置既是西樵山风景的主要入口处，又是"云门"景区的所在地。牌坊用波浪形的黄琉璃盖顶，取"云门"之"云"意，以"云"为题，在梁和顶盖间饰以通花。早晚寂静，风吹通花发出"呼呼"啸声，更添牌坊的雅趣。牌坊正面匾刻"西樵山"，背面刻"云门"，牌坊模拟广东红砂岩石构筑，旁塑红砂岩巨石，配以绿化，富有地方气息和山区风韵。

风景区的售票房是风景区入口的管理处所，应按具体的环境和条件来决定其位置和数量。目前售票房多忽视艺术和功能要求，缺乏个性。"千人一面"的售票房尽管材质很高，也无法挽回艺术上的损失。但亦有一些别具一格的佳作，如福建武夷山"云窝"景区的入口售票房，设于游览道一侧依壁而筑。售票房模拟洞穴构筑，简而不陋，与自然吻合，售票房尺度小，退入山凹，更突出了背后庞大的石壁和题刻"重洗仙颜"，导出了由自然巨石组成的"云窝"景区入口。

（二）景点入口的表现特征

景点入口常以特有的形象表现该景点的性质、内容与特征，同时应结合自然环境创造一个可供休憩和观景的空间。景点入口处理得"藏"或"露"、"简"或"繁"应服从总体要求。一般多在风景区的交通枢纽处，根据自然环境的地形地貌，构设牌坊、山亭、碑石，甚至沿用寺庙、山门，或借名泉古木，浓荫道旁散置石栏、几凳。这样的处理不但朴素自然，也易于表现风景区的性质和特点。成功的景区入口处理既可丰富景区的景观，又能成为游客乐于驻足的赏景点，甚至还可能成为整个风景区之主要表征。

在风景区中，特别是人工构成的景点入口表征，一定要注意结合总体环境，分清主从关系，充分满足在使用上和艺术观瞻上的需要。武夷山天心亭为牛栏窝景区入口表征，它位于往返九龙"大红袍"和天心岩下"永乐禅寺"等景点的峡谷及崇建公路旁。因此，天心亭在使用功能上既是路亭又可做候车点。

（三）景点入口构成的类型

景点入口构成形式多样，有利用原来山石、名泉古木的，有用砖石砌筑门、墙的，也有以较完整的各种建筑形象构成的。景点入口构成无论是以自然为主或以人工构筑为主，均须详细了解景区景点的有关历史或民间传说，从总体出发，结合自然环境，因地制宜地进行设计。只有这样才能打造性格鲜明的景点入口。

1.用小品建筑构成入口

桂林七星岩普陀山前岩区，山腰一带景点有七星岩洞口的栖霞亭和碧虚阁、普陀精舍、文昌亭、小蓬莱、玄武阁等。上述普陀山景区两个登山入口均系采用小品建筑处理，主要是与山腰七星岩洞口的古建筑群相呼应，这样的处理既增加了建筑群的空间层次，又为游客竖立了较明显的登山标志。

2.利用原山石或模拟自然山门构成入口

此类景点入口巧借地形，更顺乎自然；以简胜繁，耐人寻味。如，福建武夷山"天游门"剔土露石，利用巨石与石壁构成景点入口，在石壁一侧刻上"天游"两个大字以加强景点入口的气氛。

3.用石筑门构成入口

这类入口虽以建筑形式构成，但由于材质朴素，造型浑厚、古朴，因而具有特殊的魅力。福建武夷山不少景区景点的入口均采用这种处理手法，山内各景点入口不仅造型各异，空间构思亦颇巧妙。亦有结合环境、历史与传统，题刻入口称号或对联，更富传统特色与史实寓意。

4.以自然山石，结合山亭、廊、台构成入口

将人工和自然这两种不同性质的处理方式糅合在一起，使其布局紧凑，主次有序，较易收到一定的景效。广州白云山在西边登山拐道上有一块迎面巨石，石旁悬崖筑有山亭。巨石上有题刻"白云松涛"作为景点标志。景点四周松林似海，每当山风呼啸，松声此起彼伏，有如惊涛骇浪，与白云相逐。亭石相配得宜，游人倚亭赏景，极尽领略白云松涛的情趣。

5.亭台结合古木构成入口

在风景区中姿态奇异或带有典故传说的古木，很能吸引游人。这些景点由于历史悠久，历代文人题咏甚多，更添游人品评、鉴赏的兴致，在这些难得的景点或景区入口处，多以这些古木为核心，修台、筑亭、立碑以示尊崇珍重。如泰山五大夫松、岱庙汉柏、河南嵩山中岳书院将军柏均属此类入口的处理方法。

（四）景区内各景点入口的总体考虑

处理景点入口时要有总体观念，既要照顾和局部环境的配合，也要注意在同一景区内特别是同一游览线上各景点入口处理的统一性。入口处理不单纯是入口的造型、风格问

题，也牵涉入口前后的空间序列与组织的相关性。

在同一风景线上各景点处理如上所述，有些以人工为主，有些以自然为主，也有些是取两者之所长。总之要顺乎自然，注意单体设计的特色，也要照顾总体的统一性与协调性。

第六节　景区停车场规划设计初探

随着生活水平的提高，旅游成为人们生活中的一部分，景区成为人们旅游的主要目的地，但部分景区停车场的大小与景区游客量不相适应。比如有的景区停车场面积过小，造成景区停车场"车满为患"；而部分景区停车场设计过大，平时游客较少时只能晒太阳。景区停车场除了大小满足需求外，还应结合停车场交通组织，方便景区车辆游客人车分离，减少交叉，提高停车场使用的便捷性。我们根据景区停车场的特点，提出了景区停车场设计的原则和方法，强调景区停车场设计走生态化设计之路。

一、景区停车场现状

（一）交通组织混乱

部分景区建成初期并没有成熟的停车场布局规划，仅是在景区的空场圈地画线围成一个停车场，对于停车场规模和车辆的交通组织没有深入研究，有的并未做交通组织规划，而停车场设计时也未做出合理的交通组织，只是根据现有地块大小做设计，造成停车场内人车混流，交通混乱，在游客较多时这种混乱给景区造成极大的安全隐患，降低了停车场的使用效率，给游客也带来一定的不便，降低了游客满意度。近年来，景区的交通拥堵现象越来越严重，虽然各景区采取了一定的措施，但是治标不治本。要想从根本上解决此问题，就必须深入调查景区停车场的症结之所在，搞好停车场的规划和交通组织。

（二）停车场大小不合理

随着人们机动车拥有量的迅速增长，原有的停车场已不能满足车辆的需求，尤其是高峰旅游季节和黄金周时段出现车辆排队、交通拥挤现象。多数景区停车场车位设置数量偏少，造成景区周末或节假日不能满足游客停车需要。有的景区的通景道路两边临时停车现象严重，影响车辆正常通行，给交通带来不便。少部分新建游客中心的停车场面积较大，大部分时间超出游客需求。

二、景区停车场规划设计的原则

（一）科学性原则

停车场规划设计应该包括调查与分析、需求预测、规划、设计、评价等主要内容。要把交通组织规划纳入景区的整体规划，提升到重要位置，最大限度地利用、扩建和美化现有停车场，对新建停车场的规模、布局要结合远期需要，保留必要的停车场的远期用地。尽管远期规划的停车场用地现在看不出有多大的作用，但从长远来看是十分重要的。

解决停车难主要有两条途径：一是增加停车泊位，并提高停车设施的使用率；二是增加公共交通设施，降低停车设施需求。根据景区实际情况，停车场车位数占景区年最大日机动车吸引量总数的60%～70%比较合适。停车场的规模应按照服务对象的要求、车辆到达与离去的时间、高峰日平均吸引车次总量、停车场地日有效周转次数，以及平均停放时间和车位停放不均匀性等因素，结合景区实际情况确定。停车场的设置应符合道路规划与道路交通组织的要求，同时还应便于公共交通车辆的使用。

（二）生态性原则

旅游是无污染的第三产业，而景区停车场更应倡导生态性设计原则，景区停车场生态性不仅体现在增加绿化，采用大树遮阴，更体现在选用生态化的地面铺装材料、采用节能的设施上，还体现在减少车辆不必要的排放、车辆进出停放便捷上。生态性原则是现在景区停车场发展的方向。

（三）规范性原则

关于停车场设计，国家和地方均有相关规范，与景区停车场相关的总结如下：

1.停车场出入口不宜设在主干路上，可设在次干路或支路上并远离交叉口；出入口的缘石转弯曲线切点距铁路道口的最外侧钢轨外缘应大于或等于30m；距人行天桥应大于或等于50m；采用出入口合并用时，其通道宽为7～10m。布置停车场出入口时，应使出入通道中心线后退2m，其夹角120°范围内能看清道路上的行人、车辆。停车场的竖向设计应与排水设计结合，最小坡度为0.3%，与通道平行方向的最大纵坡度为1%，与通道垂直方向为3%。

2.停车场内要大巴车与小型车分区设置，交通路线要明确，宜采用单向行驶路线，避免相互交叉，要与进出口行驶方向一致，做到人车分流。停车场内须设置一定比例的新能源汽车停车位和非机动停车位、无障碍停车场位，并且做到合理分区。为了便于使用和管理，停车场标志应采用地面与立杆相结合的方式。

3.景区停车场要设置大巴车上落客点，做到人车分流，避免行人在停车场内穿插。有条件的可设置出租车等候区和上落客点，停车场外公交站台设计时须避免行人在停车场内通行，加强景区标志系统的建设和管理。

4.停车场的平面布置。应结合用地、停车车位数量、停车方式、通道、出入口、绿化、管理设施等合理协调，安排好整个场地。停车车位的布置以车辆出入方便、节约用地为原则，尽可能缩短停车场内的通道长度。在车辆分组停放时，一般每组停放车量不超过50辆。当相邻两组间无足够通道时，应留出不小于6米的防火间距。

（四）特色性原则

景区停车场除了满足规范外还应结合景区特色，挖掘当地的文化资源并加以利用，提升景区的文化品位，突出景区的特色。如在绿地内设置一些当地历史文化名人的雕塑，或体现景区特色标志等。

三、景区生态停车场设计

（一）生态停车场定义

生态停车场是一种既能满足车载需要，又能改善生态环境的停车场。它的特点是用乔木形成绿荫和用透水材料作为地面铺装材料，能有效缓解车内高温，节约空调降温消耗的能源，减少温室气体CO_2的排放；铺装采用低碳环保材料，可循环利用节约能源。

（二）景区生态停车场种植

生态型的停车场可以采用高大乔木和藤蔓植物遮阴的林式绿化的方法，辅以灌木草坪和草花美化周围环境。树种的选择应考虑到树形本身的遮阴效果，以达到夏日降低车内温度的要求，分枝点高、枝条韧性强的树种有利于车辆的安全行驶，同时要考虑抗性强、病虫害少、根系发达、易于移栽的树种。为了节约养护成本，宜选用耐干旱和耐瘠薄树种，如法桐、樟树等。这些树种成形后，树形扩展，枝条茂密，可减轻日光对车辆的暴晒。

（三）景区生态停车场地面材料

景区停车场宜选用生态透水材料，因为生态透水材料有收集雨水、减少热导、保护生态环境的作用。主要铺装形式种类有：

1.网格植草砖。优点是防止土壤压实，使土壤更容易渗透雨水。

2.碎石铺就的小路。优点是可承受重荷载，也能保证雨水下渗。

3.透水砖。优点是保证雨水的下渗，兼顾生态效益。

4.透水沥青路面。是透水排水降噪路面，是一种新型路面结构，属于半透水路面，道路结构形式与普通沥青路面相似。

除了选用生态透水材料外，景区停车场地面还宜选用可再生或循环利用的材料，比如透水沥青，它不但可以透水，待以后改造时还可以起出表层重新拌制成新的地面沥青材料，做到循环利用，低碳环保，节省材料能源。现透水沥青材料在A级景区建设中已成为极力推荐使用的材料。

（四）景区生态停车场与交通组织

景区生态停车场应与交通组织相结合，方便车辆进出，避免产生排队和不必要的拥堵，合理设置上客区和下客区，做到人车分流，减少不必要的交叉。合理的交通组织能够减少车辆的废气排放，减少车辆噪音等对景区的污染，科学的管理也是生态停车场规划设计的重要组成部分。

第四章　园林绿化植物种植设计

第一节　园林绿化的概念

一、园林绿化

（一）绿地

绿地指的是所有生长绿色植物的地块，一般包括四个方面：天然植被、人工植被、观赏游憩绿地和农林牧业生产绿地。

绿地的含义宽泛，泛指绿化栽植用地。其大小相差悬殊，大者如风景名胜区，小者如宅旁绿地。其设施质量高低相差也大，精美者如古典园林，粗放者如卫生防护林带。

绿地还可以是各种公园、花园、街道及滨河的种植带，卫生防护林带，防风、防尘绿化带，郊区的苗圃、果园、菜园、墓园及机关单位的环境绿地等。

从城市规划的角度看，绿地指绿化用地，指城市规划区内用于栽植绿色植物的用地，包括规划绿地和建成绿地。

（二）园林

园林是指在一定的地域范围内，根据功能的要求、经济技术条件和艺术布局规律，利用并改造天然山水地貌或是人工创造山水地貌，结合植物的栽植和建筑、道路的布置，从而构成一个可以供人们观赏、游憩的环境。各类公园、风景名胜区、自然保护区和休息疗养胜地等都以园林作为主要内容。

园林的基本要素包括山水地貌、道路广场、建筑小品、植物群落和景观设施。

园林与绿地属于同一范畴，具有共同的基本内容。从范围上看，绿地比园林更为广泛，园林可供游憩，而且必是绿地，而绿地却不一定是园林，也不一定可以提供游憩。绿地强调的是作为栽植绿色植物、发挥植物的生态作用、改善城市环境的用地，是城市建设用地一种重要类型；而园林强调的则是为主体服务，功能、艺术与生态相结合的立体空间综合体。

把城市规划绿地按照较高的艺术水平、较多的设施和较完善的功能建设成为环境优美的景境便是园林了，所以，园林是绿地的一种特殊形式。有着一定的人工设施，并具有观赏、游憩功能的绿地被称为园林绿地。

（三）绿化

绿化是指栽植绿色植物的工艺过程，是通过运用植物材料把规划用地建成绿地的手段，包括城市园林绿化、荒山绿化、"四旁"和农田林网绿化四个部分。从更广的角度看，人类一切为了工、农、林业生产，减少自然灾害，改善卫生条件，美化、香化环境而去栽植植物的行为都可以被称为绿化。

（四）造园

造园指的是营建园林的工艺过程，在定义上有广义和狭义之分。广义的造园一般指园地选择（相地）、方案规划、立意构思、工程建设、施工设计、养护管理等过程，是以绿色植物为主体的园林景观建设。狭义的造园一般指运用多种素材建成园林的工程技术建设过程，是园林景观建设中具体的植物配置设计、栽植和养护管理等内容，包括四项主要内容：植物配植、堆山理水、建筑营造和景观设施建设。

因此，广义上的园林绿化是指以绿色植物为主体的园林景观建设，而狭义上的园林绿化则是指园林景观建设中植物配置设计、栽植和养护管理等内容。

二、园林绿化的意义

（一）园林是一种社会物质财富和精神财富

1.园林是一种社会物质财富

园林作为城市建设的一部分，和其他建设一样，保留了不同地域和不同历史时期的社会建设文化，体现了当时当地的社会生产力水平。古典园林是人类宝贵的物质财富和物质遗产，园林的兴衰与社会发展息息相关，园林与社会生活同步前进。

2.园林是一种社会精神财富

一个城市的园林建设，充分体现了居民对美好景物的向往。园林作品反映了造园者的精神思想，一个好的园林设计作品蕴含了设计者的文化修养、对人生的态度以及情感品格。

3.园林是一种人造艺术品

园林不仅仅是社会的物质财富和精神财富，还是一种人造艺术品，它独特的风格艺术必然体现着独特的文化传统、历史条件、社会阶级烙印和生态环境等。由于这些因素，不同形式和艺术风格的园林流派和体系在世界各地就逐步形成了。造园是一种艺术创作活动，它在把山水、植物和建筑组合成有机整体的同时，也创造出了丰富多彩的园林景观，给人以赏心悦目的美的享受。

（二）城市园林绿化的意义

由于工业的不断发展、科学技术的飞速提高，现代工业化产生了大量废弃物，城市化进程的过快导致了自然环境的严重破坏，从而引发环境和生态失衡，使大自然饱受蹂躏，并造成空气和水土污染、动植物灭绝、森林消失、水土流失、沙漠化、温室效应等一系列自然环境问题，严重威胁人类的生存环境。所以，人们根据生态学的原理，通过园林绿化的措施，将原来被破坏的自然环境加以改造和恢复，使城市的环境能够满足人们在工作、生活和精神方面的需要。

在现代化城市环境条件不断变化的情况下，园林绿化显得越来越重要。园林绿化能够对被破坏的自然环境进行改造和恢复，并同时能创造更适合人们工作、生活的宁静优美的自然环境，使城乡形成生态系统的良性循环。园林绿化通过对环境的"绿化、美化、香化、彩化"来改造我们的环境，同时还保证了具有中国特色的社会主义现代化建设的顺利进行。

城市园林绿化是城市现代化建设的重要项目之一，不仅能够美化环境，还给市民创造了舒适的游览休憩场所，能够创造人与自然和谐共生的生态环境。只有加强城市园林的绿化建设，才能够美化城市景观，改善投资环境，同时充分发挥生物多样性，生态城市的持续发展才能够得到保证。因此，一个城市的园林绿化水平已成为衡量城市现代化水平的一个质量指标，城市园林绿化建设水平是城市形象的代表，更是城市文明的象征。

园林绿化工作是现代化城市建设的一项重要内容，不仅关系到物质文明建设，也关系到精神文明建设。园林绿化创造并维护了适合人民生产劳动和生活休息的环境质量，因此，应当有计划、有步骤地进行园林绿化建设，搞好经营管理，充分发挥园林绿化的作用。

三、园林绿化的任务

（一）一般园林绿化的意义

现代化城市建设的一项重要内容就是园林绿化建设，它将城市的物质文明建设和精神文明建设融为一体，为人民生产劳动和生活休息创造了有利环境。

（二）园林绿化的任务

第一，必须将公园内树木花草的配置搞好，保持花木繁茂，整洁美观，不断提高园艺水平。

第二，园林绿化建设必须遵循勤俭节约的原则，结合当地实际情况投入生产，努力创收。

第三，园林绿化要讲求和重视艺术，要大力提高园林艺术水平，把园林绿化搞得丰富多彩。

第四，加强园林和风景名胜区的保护和管理，适当建设、增加园林的风景点。

四、节约型园林绿化

（一）节约型园林绿化的概念

一般来说，节约型园林绿化指的是在城市园林绿化建设过程中，所涉及的各个主要环节，如规划设计、施工建设、养护管理等能够做到最大限度节约资源，换而言之即资源科学利用，减少不必要的消耗及浪费，从而达到生态效益、社会效益及经济效益的合理与优化。而且在这过一程中，还要秉承合理利用自然资源与社会资源的建设原理。

（二）建设节约型园林绿化的意义分析

1.顺应科学发展观的要求

众所周知，科学发展观中包含着协调城市发展与人口增长、资源保护间的关系这一重要内容。因此，为呼应、贯彻科学发展观的需要，城市绿化建设应当有效节约各种资源。总的来说，既需要达到提高城市环境质量的目的，还需要满足人们有更好生活的愿望。

2.城市健康发展的重要基础

诚然，城市园林绿化是城市生态环境建设当中的重要部分，相应地，它的目标便是为城市发展提供自然生态空间。毫无疑问，城市园林绿化彰显着城市生态面貌的多样性，为更好实现其城市功能做铺垫，从而增强城市的综合服务水平，使城市人口有一个良好、舒心的生活和工作环境，从而保障城市的健康发展。

3.完善城市建设形式的要求

在城市建设这一板块中，所需要的土地资源不在小数。建设节约型园林绿化便意味着改善旧有的土地使用状态，达到充分利用资源的理想目标，这也是当今时代生态保护理念及科学发展模式的要求。建设节约型园林绿化在很大程度是提高土地利用率的呼吁，能实现城市综合管理与城市生态环境的协调运转、共同发展。

第二节　园林植物种植设计的基础知识

一、种植设计的意义

（一）植物的作用

1.可以改善小气候和保持水土。

2.利用植物创造一定的视线条件可增强空间感，提高视觉和空间序列质量。安排视线主要有两种情况，即引导与遮挡。视线的引导与遮挡实际上又可看作景物的藏与露。将植物材料组织起来可形成不同的空间，如形成围合空间，增加向心和焦点作用；或形成只有地和顶两层界面的空透空间；或按行列构成狭长的带状过渡空间。

3.具有丰富过渡或零碎的空间、增加尺度感、丰富建筑立面、软化过于生硬的建筑轮廓的作用等。城市中的一些零碎地，如街角、路侧不规则的小块地，特别适合于用植物材料来填充，充分发挥其灵活的特点。

4.做主景、背景和季相景色，如表4-1所示。

表4-1　植物的造景要素

造景要素	设计中的应用
1.形成主题或焦点	植物材料可做主景，并能创造出各种主题的植物景观。但作为主景的植物景观要有相对稳定的形象，不能偏枯偏荣
2.作为背景	植物材料还可做背景，但应根据前景的尺度、形式、质感和色彩等决定背景植物材料的高度、宽度、种类和栽植密度，以保证前后景之间既有整体感又有一定的对比和衬托。背景植物材料一般不宜用花色艳丽、叶色变化大的种类
3.季相色彩变化	季相景色是植物材料随着季节变化而产生的暂时性景色，具有周期性，如春花秋叶便是园中很常见的季相景色主题。由于季相景色较短，并且是突发性的，形成的景观不稳定，如日本樱花盛开时花色烂漫、人流熙熙攘攘，但花谢后景色也极平常。因此，通常不宜单独将季相景色作为园景中的主景。为了加强季相景色的效果应成片成丛种植，同时也应安排一定的辅助观赏空间，避免人流过分拥挤。要处理好季相景色与背景或衬景的关系

（二）植物造景的含义

园林植物种植也称植物造景，是指应用乔木、灌木、藤本植物及草本植物来创造景观，充分发挥植物本身的形体、线条、色彩等自然美，配植成美丽动人的画面（见表 4-2）。

表 4-2　园林植物种植设计的意义

种植意义	设计理念	种植设计具体应用
1. 美化环境，意在景为人用	在现代城市环境中，生态平衡遭到了严重破坏，人们"回归大自然"的愿望越来越强烈，即便是再壮丽、再雄伟的建筑，没有花草树木的衬托，都是缺乏生机的	运用植物的形态、色彩、季相、清香，让人在工作之余享受到自然风光，在欣赏景色的同时，达到养目清心、精力充沛的效果，真正感受到大自然的温馨。营造宜人的优美环境，正是景观设计师追求的最高艺术境界，也是种植设计艺术的魅力所在
2. 科学设计，注重生态效益	选择植物时，不仅要考虑植物的个体美、群体美，更要考虑植物群落的生态效益，从生态效益上讲，"复合混交层"的应用更为合理	科学的配置有利于植物群落的稳定，更有利于城市环境的生态平衡。如树群在组合时，高度喜光的乔木层应该分布在中央，亚乔木在其四周，灌木在外缘，这样不至于互相遮掩，并具有丰富的层次感，既有观赏性，又有生态效益
3. 植物造景，展现文化内涵	园林景观植物的配置，是科学与艺术相结合的结果。只知道设计的美学，不精通植物的习性，设计方案不具有实施性；反之，只懂植物的生态习性，不懂艺术和美学，设计方案没有创意	运用植物来表现创作意境，并赋予某些植物深厚的文化内涵。如杭州"海棠春坞"的小庭园中，用一丛翠竹、几块湖石、草镶边，使一处建筑角隅充满诗情画意，并用修竹有节体现了主人"宁可食无肉，不可居无竹"的清高境界，而海棠果及垂丝海棠才是"海棠春坞"的主题，可以欣赏海棠报春的景色
4. 园林植物是园林景观的关键要素之一	在园林景观设计的基本要素（地貌、道路广场、建筑、植物）中，植物具有极其重要的作用	我国有关园林规划设计的规范中明确制定了植物在园林景观空间用地中的主导比例

二、植物景观与生态设计

（一）生态设计的概念

一般来说，任何与生态过程相协调，尽量使其对环境的破坏影响达到最小的设计形式都可称为生态设计。这种协调意味着设计要尊重物种多样性，减少对资源的剥夺，保持营养和水循环，维持植物生境和动物栖息地的质量，以有助于改善生态系统及人居环境。生态设计的核心内容是"人与自然和谐发展"。

（二）生态设计的发展

早期国外的绿化，植物景观多半是规则式。植物被整形修剪成各种几何形体及鸟兽形体，以体现植物也服从人们的意志。当然，在总体布局上，这些规则式植物景观与规则式建筑的线条、外形，乃至体量较协调一致。究其根源，据说主要是体现人类可以征服一切的思想，较东方传统造园的"人与自然和谐统一"思想，具有更强的征服自然的色彩。但随着城市环境的不断恶化，以研究人类与自然的和谐发展、相互动态平衡为出发点的生态设计思想开始形成并迅速发展。发展最早和最快的是美国。从19世纪下半叶至今，美国的生态设计思想先后出现了四种倾向，即自然式设计、乡土化设计、保护性设计、恢复性设计。

相比之下，我国园林界在生态设计方面有待于提高。新中国伊始，园林设计以构图严谨的对称式为主，植物配置以常绿树种为主，过于单调。改革开放以来，规划布局变得灵活多样，植物种类也从少到多，植物配置更加科学化。然而在园林事业迅速发展的同时，我国园林建设也出现了一种怪现象，即过于突出绿化对城市的装饰美化作用，绿化布局追求大尺度、大气派、大手笔、大色块，不分场合，不栽或少栽乔木，一律是草坪和由低矮植物组修剪成各种图案，这种单一的草坪种植模式明显违反了生态设计原则。

生态设计已成为我国现代园林进行可持续发展的根本出路。园林的生态设计就是要使园林植物在城市环境中合理再生、增加积蓄和持续利用，形成城市生态系统的自然调节能力，起着改善城市环境、维护生态平衡、保证城市可持续发展的主导和积极作用，使人、城市和自然形成一个相互依存、相互影响的良好生态系统。

（三）生态园林的概念

生态园林就是以植物造景为主，建立以木本植物为骨干的生物群落，并根据植物共生、生态位、竞争、植物种群生态学、植物他感作用等生态学原理，因地制宜地将乔木、灌木、藤本、草本植物相互配置在一个群落中，有层次感、厚度感、色彩感，使具有不同生物特性的植物各得其所，从而充分利用阳光、空气、土地、肥力，构成一个和谐、有序、稳定、能长期共存的复层混交的立体植物群落，发挥净化空气、调节温度与湿度、杀菌除尘、吸收有害气体、防风固沙、保持水土等生态功能。

（四）生态园林的应用（见表4-3）

表4-3 生态园林的应用

应用方面	原理及应用举例
1.植物配置	应用生态园林的原理，根据植物生理、生态指标及园林美学知识，进行植物配置。首先，乔灌花草合理结合，将植物配置成高、中、低三个层次，体现植物的层次性、多样性、功能性；其次，充分了解植物生理和生态习性，在植物配植时，应做到植物四季有景和三季有花；最后，要运用观形植物、观花植物、观色叶植物、观果植物等，从而形成植物多样性、生物多样性
2.物质、能量的循环	应用生态经济学原理，在多层次人工植物群落中，通过植物与微生物之间的代谢作用，实现无废物循环生产；通过不同深浅的地下根，来净化土壤和增强肥力，吸收空气中的 CO_2，如以豆科植物的根瘤菌改造土壤结构和增加土壤肥力；通过在群落中适当种植女贞、槐树等蜜源植物，增加天敌数量，从而减少对危害性大的害虫的控制，以达到利用天敌昆虫、鸟类、动物等防治害虫，以生物治虫为主，尽量少用化学药剂防虫，使环境不受药剂的污染
3.景观效果	应用生态园林的原理，在人工植物群落中，景观应该体现出科学与艺术的结合与和谐。只有同园林美学相融合，才能从整体上更好地体现出植物的群落美，并在维护这种整体美的前提下，适当利用造景的其他要素，来展现园林景观的丰富内涵，从而使它源于自然而又高于自然
4.绿地利用	应用生态园林原理，设计多层结构，在乔木下面配置耐阴的灌木和地被，构成复层混交的人工群落以得到最大的叶面积总和，取得最佳的生态效果

三、园林植物种植设计与生态学原理

（一）环境分析

1.环境分析与植物生态习性

环境是指在某地段上影响植物发生、发展的全部因素的总和，包括无机因素（光、水、土壤、大气、地形等）和有机因素（动物、其他植物、微生物及人类）。这些因素错综复杂地交织在一起，构成了植物生存的环境条件，并直接或间接地影响着植物的生存和发展。

环境分析（environment analysis）在植物生态学上是指从植物个体的角度去研究植物与环境的关系。从环境分析出来的因素称为环境因子，而在环境因子中对园林植物起作用的因子称为生态因子，其中包括气候因子、土壤因子、生物因子、地形因子。对植物起决定性作用的生态因子，称为主导因子，如橡胶是热带雨林的植物，其主导因子是高温高湿。所有的生态因子构成了生态环境，其中光、温度、空气、水分、土壤等是植物生存不可缺少的必要条件，它们直接影响着植物的生长发育。

生态习性，指某种植物长期生长在某种环境里，受到该环境条件的特定影响，通过新陈代谢，于是在植物的生活过程中就形成了对某些生态因子的特定需要，如仙人掌耐旱不耐寒。有相似生态习性和生态适应性的植物则属于同一个植物生态类型，如水中生长的植物称为水生植物，耐干旱的植物称为旱生植物，强阳光下生长的植物称为阳性植物等。

2.环境分析与种植设计

在园林植物种植设计中，运用植物个体生态学原理，就是要尊重植物的生态习性，对各种环境条件与环境因子进行研究和分析，然后选择应用合理的植物种类，使园林中每一种植物都有各自理想的生活环境，或者将环境对植物的不利影响降到最小，使植物能够正常地生长和发育。

（二）种群分布与生态位

1.种群分布与种植设计

种群（populatirn）是生态学的重要概念之一，是生物群落的基本组成单位，是在一定空间中同种个体的组合。园林植物种群，是指园林中同种植物的个体集合。

种群分布，又称种群的空间格局（spatial pattern），是指构成种群的个体在其生活空间中的位置状态或布局。其平面布局形式有随机型（由于个体间互不影响，每一个个体出现的机会相等）、均匀型（由于种群个体间竞争）、成群型（由于资源分布不均匀、植物传播种子以母株为扩散中心、动物的社会行为使其结合成群）。

种群的空间格局，决定了自然界植物的分布形式。具体在园林中，植物群落同样呈现出以上三种特定的个体分布形式，就是种植设计的基本形式，即规则式、自然式、混合式。

2.生态位与种植设计

生态位（ecological niche）是生态学中的一个重要概念。物种的生态位不仅决定于它们在哪里生活，而且决定于它们如何生活以及如何受到其他生物的约束。生态位概念不仅包括生物占有的物理空间，还包括它们在群落中的功能作用以及它们在温度、湿度、土壤和其他生存条件的环境变化中的位置。

将生态位概念与竞争排斥原理应用到自然生物群落中，其要点如表4-4所示。

表4-4　生态位与竞争排斥原理在生物群落中的应用

对　象	表现特征
1. 对于物种而言	一个生态位一个种，即一个稳定的群落中占据了相同生态位的两个物种，其中一个种终究要灭亡
2. 对于群落而言	在一个稳定的群落中，由于各种群在群落中具有各自的生态位，种群间能避免直接竞争，从而又保证了群落的稳定
3. 对于种群系统而言	一个相互作用、生态位分化的种群系统，各种群在它们对群落的时间、空间和资源利用方面以及相互作用的可能类型方面，都趋向于互相补充而不是直接竞争。因此，由多个种群组成的群落，要比单一种群的群落更能有效利用环境资源，具有更大的稳定性

在园林种植设计中，了解生态位的概念，运用生态位理论，模拟自然群落，组建人工群落，合理配置种群，使人工种群更具有稳定性、持久性、可观性。如乔木树种与林下喜阴灌木和地被植物组成的复层植物景观设计，或园林中的密植景观设计，都必须建立种群优势，占据环境资源，排斥非设计性植物（如杂草等），选择竞争性强的植物，采用合理的种植密度，都应遵循生态位原理。

（三）物种多样性

1. 生物多样性

生物多样性（biodiversity），是指生命形式的多样化，各种生命形式之间及其与环境之间的多种相互作用，以及各种生物群落、生态系统及其生境与生态过程的复杂性。一般来讲，生物多样性包括遗传多样性、物种多样性、生态系统多样性。

2. 物种多样性

生物多样性所包括的内容，是指多种多样的生物类型及种类，强调物种的变异性，物种多样性代表着物种演化的空间范围和对特定环境的生态适应性。理解和表达一个区域环境物种多样性的特点，一般基于两个方面，即物种的丰富度（abundance）和物种的相对密度（relative density），如表4-5所示。

表4-5　物种的丰富度与相对密度

物种理解的角度	具体解释
1. 物种丰富度	是表示一个物种在群落中的个体数目，植物群落中植物物种间的个体数量对比关系，可以通过各物种的丰富度来确定
2. 物种的相对密度	是指样地内某一物种的个体数占全部物种个体数的百分比

3.植物群落与种植设计

植物群落按其形成可分为自然群落和栽培群落。自然群落是在长期的历史发育过程中，在不同的气候条件及生境条件下自然形成的群落；栽培群落是按人类需要，把同种或异种的植物栽植在一起形成的，用于生产、观赏、改善环境条件等方面，如苗圃、果园、行道树、林荫道、林带等。植物种植设计就是栽培群落的设计，只有遵循自然群落的生长规律，并从丰富多彩的自然群落中借鉴，才能在科学性、艺术性上获得成功。切忌单纯追求艺术效果及刻板的人为要求，不顾植物的生态习性要求，硬凑成一个违反植物自然生长规律的群落。

植物种植设计遵循物种多样性的生态学原理，目的是为了实现植物群落的稳定性、植物景观的多样性，并为实现区域环境生物多样性奠定基础。如杭州植物园裸子植物区与蔷薇区的水边，选择最耐水湿的水松植于浅水中，原产北美沼泽地耐水湿的落羽杉及池杉植于水边，对于较不耐水湿又不耐干旱的水杉植于离水边稍远处，最后补植一些半常绿的墨西哥落羽松。这些树种及其栽植地点的选择是符合植物生态习性要求的，而且极具观赏性。

（四）生态系统

1.城市绿地系统

城市绿地系统是由城市绿地和城市周围各种绿地空间所组成的自然生态系统。城市绿地系统是由点、线、面、组团相结合的艺术手法进行规划，如此以线连点达面，从而形成巨大完整的城市绿地系统，在净化空气、吸收有害气体、杀菌、净化水体和土壤调节及改善城市气候、降低噪声等方面起到重要作用，如表4-6所示。

表4-6　城市绿地系统组成及应用

绿地系统组成	实际应用
点	以小型公园、街心花园、各组团及各单位绿地等为"点"
线	以街道的两侧或中间的带状绿地为"线"
面	以公园、植物园、绿地广场等为"面"
立体绿化	可以利用城区内自然地貌的高差、某些建筑物、构筑物和古墙等进行"立体绿化"

2.城市绿地生态系统与种植设计

（1）利用城市原有的树种、植被、花卉等，本着保护和恢复原始生态环境的原则，按照体现不同城市特点的要求，尽可能协调城市绿地、水体、建筑之间的生态关系，使人居住环境可持续发展。

（2）根据城市气候和土壤特征，在进行城市绿地构建时，要适地适树，并考虑其观赏价值、功能价值和经济价值，按乔木、灌木、花草相结合的原则，最大限度地保持生物多样性，从而改善城市生态环境。

（3）切实保护好当地的植物物种，积极引进驯化优良品种，营造丰富的植物景观，增加绿地面积，提高绿地系统的功能，使城市处在一个良好的多样性植物群落之中。

第三节　园林植物种植设计的依据与原则

一、种植设计的依据

园林植物种植设计的依据主要考虑三个方面，如表4-7所示。

表4-7　园林植物种植设计的依据

依　据	具体内容
1.政策与法规	依据国家、省、市有关的城市总体规划、城市详细规划、城市绿地系统规划、园林绿化法规、园林规划设计规范、园林绿化施工规范等
2.场地设计的自然条件	设计场地的自然条件包括气象、植被、土壤、温度、湿度、年降水量、污染情况、风频玫瑰图及人文基础资料等
3.总体设计方案	依据总体设计方案布局和创作立意，确定场地的植物种植构思，合理选择植物材料，进行植物配植

二、种植设计的原则

（一）合理布局，满足功能要求

园林植物种植设计，首先要从园林绿地的性质和主要功能出发。城市园林绿地的功能很多，但就某一绿地而言，有其主要功能，如表4-8所示。

表4-8 各类园林绿地中植物的主要功能

绿地性质	主要功能
1. 街道绿化	主要功能是遮阴，在解决遮阴的同时，要考虑组织交通、美化市容等
2. 综合公园	在总体布局时，除了活动设施外，要有集体活动的广场或大草坪作为开敞空间，以及遮阴的乔木，成片的灌木和密林、疏林等
3. 烈士陵园	多用松柏类常绿植物，以突出庄重、稳重的纪念意境
4. 工厂绿化	主要功能是防护，绿化以抗性强的乡土树种为主
5. 医院绿化	主要功能是环境卫生的防护和噪声的隔离，比如在医院周围可种植密林，同时在病房周边应多植花灌木和草花供人休息观赏

（二）艺术原理的运用

园林植物种植设计同样遵循绘画艺术和造园艺术的基本原则，如表4-9所示。

表4-9 种植设计艺术原理的运用

原则	具体要求	应 用
统一和变化原则	在树形、色彩、线条、质地及比例方面要有一定的差异和变化，以示多样性；彼此间有一定相似性，引起统一感；变化太多，整体杂乱，平铺直叙，没有变化，又会单调呆板	运用重复的方法最能体现植物景观的统一感。如行道树绿带设计，用等距离配植同种、同龄乔木，或在乔木下配植同种、同龄花灌木
调和原则	利用植物的近似性和一致性，体现调和感，或注意植物与周围环境的相互配合与联系，体现调和感，使人具有柔和、平静、舒适和愉悦的美感；用植物的差异和变化产生对比的效果，具有强烈的刺激感，形成兴奋、热烈和奔放的感受。因此，常用对比的手法来突出主题或引人注目	立交桥附近，用大片色彩鲜艳的花灌木或花卉组成大色块，方能与之在气魄上相协调；在学校办公楼前绿化中，以教师形象为主题的雕塑周围配以紫叶桃、红叶李，在色彩上红白相映，又能隐喻桃李满天下，与校园环境十分协调
均衡原则	色彩浓重、体量大、数量多、质地粗、枝叶茂密的植物种类，给人以重的感觉；色彩淡、体量小、数量少、质地细、枝叶疏朗的植物种类，给人以轻盈的感觉。根据周围环境的不同，有对称式均衡和自然式均衡两种	对称式均衡常用于庄严的陵园或雄伟的皇家园林中；自然式均衡常用于自然环境中。如蜿蜒的曲路一侧种植雪松，另一侧配以数量多、单株体量小、成丛的花灌木，以求均衡
韵律和节奏原则	在种植设计中，节奏就是植物景观简单地重复连续出现，通过游人的运动而产生美感	配植时，有规律的变化，就会产生韵律感。如杭州白堤上桃树、柳树间种，非常有韵律，有桃柳依依之感。又如行道树，也是一种有韵律感的植物配植

（三）植物选择

植物的选择应满足生态要求，如表4-10所示。

表4-10　园林植物的选择要满足生态要求

影响因素	具体要求	应　用
1. 因地制宜，适地适树	植物种植设计不但要满足园林绿地的功能及艺术要求，更应考虑植物本身所需的生态环境，恰当地选择植物	例如行道树要选择枝干平展、主干高的树种，以达到遮阴之用，同时考虑到美观、易成活、生长快、耐灰尘等方面的问题； 在墓地周围，种植具有象征意义的树种，做到因地制宜，适地适树
2. 创造合适的生态条件	要认真考虑植物的生态习性和生长规律，使植物的生态习性与栽培环境的生态条件基本一致。创造适当的条件，使园林植物能适应环境，各得其所，能够正常生长和发育	例如百草园，充分利用复层混交的人工群落来解决庇荫问题，在林下种植一些喜阴的植物；又通过地形的改造，挖塘做溪，溪边用石叠岸，再设置水管向上喷雾，保持了空气湿度，这样完美地构成了湿生、岩生、沼生、水生等植物的种植环境，经过这样创造的生态环境条件，就连最难成活的黄连都生长良好
3. 科学配植，密度适宜	植物种植的密度是否合适，直接影响到绿化功能的发挥。从长远考虑，应根据成年树冠的大小来决定种植株距	如在短期内，就能取得较好的绿化效果，可适当密植，将来再移植，要注意常绿树与落叶树、速生树与慢生树、乔木与灌木、木本植物与草本花卉之间的搭配，同时还要注意植物之间相互和谐，要过渡自然，避免生硬
4. 种类多样，兼顾季相变化	一年四季气候变化，使植物的形、枝、叶等产生了不同变化，这种随季节变化而产生植物周期性的貌相，称为季相。植物的季相变化是园林中的重要景观之一	在种植设计中，应该做到植物种类丰富，并且使每个季节都有代表性的植物或特色景观可欣赏，讲究春花、夏叶、秋实、冬干，合理种植，做到四季有景，利用植物的季相变化，使人们由景观的变化而联想到时间的推移

三、种植设计的一般技法

表4-11　园林植物的个体特性在种植设计中的应用

个体特性	在种植设计中的应用	设计应用注意的问题
1. 色彩	① 色彩起到突出植物的尺度和形态的作用 ② 浅绿色植物能使一个空间产生明亮、轻快感。在视觉上除有飘离观赏者的感觉外，同时给人欢欣、愉快和兴奋感 ③ 在处理设计所需要色彩时，应以中间绿色为主，其他色调为辅	① 忌杂。不同色度的绿色植物，不宜过多、过碎地布置在总体中 ② 应小心地使用一些特殊的色彩。诸如青铜色、紫色等，长久刺激会令人不快 ③ 不要使重要的颜色远离观赏者。任何颜色都会由于光影逐渐混合，在构图中出现与愿望相反的混浊 ④ 色彩分层配置中要多用对比，这样才能发挥花木的色彩效果
2. 芳香	① 布置芳香园。编排好香花植物的开花物候期 ② 建植物保健绿地，配植分泌杀菌素植物，如侧柏、雪松等	① 注意功能性问题 ② 注意香气的搭配 ③ 注意控制香气的浓度
3. 姿态	① 增加或减弱地形起伏 ② 不同姿态的植物经过妥善的种植与安排，可以产生韵律感、层次感 ③ 姿态巧妙利用能创造出有意味的园林形式 ④ 特殊姿态植物的单株种植可以成为庭园和园林局部中心景物，形成独立观赏景点	① 简单化。种类不宜太多，或为同一种姿态植物的大量应用 ② 有意味。非规则对称的、出人意料的、非正常生长的植物姿态的利用常常使景观有较强的艺术吸引力 ③ 有秩序。姿态组合有韵律、节奏、均衡地模拟自然，高于自然
4. 质感	① 粗质感植物可在景观设计中作为焦点，以吸引观赏者的注意力 ② 中质感植物往往充当粗质型和细质型植物的过渡成分，将整个布局中的各个部分连接成一个统一的整体 ③ 细质感植物轮廓清晰，外观文雅而密实，宜用作背景材料，以展示整齐、清晰规则的特殊氛围	① 根据空间大小选用不同质感的植物 ② 不同质感的植物过渡要自然，比例合适 ③ 善于利用质感的对比来创造重点 ④ 均衡地使用不同质感类型的植物 ⑤ 在质感的选取和使用上必须结合植物的特性

（续表）

个体特性	在种植设计中的应用	设计应用注意的问题
5.体量	① 重量感。大型植物往往显得高大、挺拔、稳重；中型植物姿态各异，会因姿态不同给人不同的重量感觉；小型植物由于没有体量优势，而且在人的视线之下，通常不容易引起人们的关注 ② 可变性。主要随着年龄的增长而发生变化，还有不同季节所呈现的体量也不同，落叶后体量相对变小	① 围合空间。大型乔木从顶面和垂直面上封闭空间。中型的高灌木好比一堵墙，在垂直面上使空间闭合，形成一个个竖向空间，顶部开敞，有极强的向上趋向性。小型植物可以暗示空间边缘 ② 遮阴作用。大型乔木庞大的树冠在景观中被用来提供阴凉，种植于空间或楼房建筑的西南面、西面或西北面 ③ 防护作用。大型乔木在园林中可遮挡建筑西晒，同时还能起阻挡西北风的作用

第四节　园林植物种植设计的基本形式与类型

一、种植设计的基本形式

园林的平面布局有规则式、自然式、混合式，从而决定了植物种植设计基本形式也如此。园林植物种植设计的基本形式主要有规则式种植、自然式种植、混合式种植。具体要求如表4-12所示。

表4-12　园林植物种植设计的基本形式

基本形式	平面布局	具体应用
1.规则式种植	平面布局以规则为主的行列式、对称式，树木以整形修剪为主的绿篱、绿柱和模纹景观；花卉以图案为主的花坛、花带，草坪以平整为主并具有规则的几何形体	一般用于气氛较严肃的纪念性园林或有对称轴线的广场、建筑庭园中
2.自然式种植	平面布局没有明显的对称轴线，植物不能成行成列栽植，种植形式比较活泼自然。树木不做任何修剪，自然生长为主，以追求自然界的植物群落之美，植物种植以孤植、丛植、群植、林植为主要形式	一般用于有山、有水、有地形起伏的自然式的园林环境中
3.混合式种植	平面布局以自然式和规则式相互交错组合	一般在地形较复杂的丘陵、山谷、洼地处采用自然式种植，在建筑附近、入口两侧采用规则式种植

二、园林植物种植设计的类型

（一）按园林植物应用类型分类

1.乔灌木的种植设计

在园林植物的种植设计中，乔木、灌木是园林绿化的骨干植物，所占的比重较大。在植物造景方面，乔木往往成为园林中的主景，如界定空间、提供绿荫、调节气候等；灌木供人观花、观果、观叶、观形等，它与乔木有机配置，使植物景观有层次感，形成丰富的天际轮廓线。

2.花卉的种植设计

花卉的种植设计是指利用姿态优美、花色艳丽、具有观赏价值的草本和木本植物进行植物造景，以表现花卉的群体色彩美、图案装饰美，起到烘托气氛等作用，主要包括花坛设计、花境设计、花台设计、花丛设计、花池设计等。

3.草坪的种植设计

草坪是指用多年生矮小草本植物密植，并经人工修剪成平整的人工草地。草坪，好比是绿地的底色，对于绿地中的植物、山石、建筑物、道路广场等起着衬托作用，能把一组一组的园林景观统一协调起来，使园林具有优美的艺术效果。此外，草坪还具有为游憩提供场地，清洁空气、降温增湿的作用。

（二）按植物生境分类

1.陆地种植设计

大多数园林植物都是在陆地生境中生存的，种类繁多。园林陆地生境的地形有山地、坡地和平地三种。山地多用山野味比较浓的乔木、灌木；坡地利用地形的起伏变化，植以灌木丛、树木地被和缓坡草地；平地宜做花坛、草坪、花境、树丛、树林等。

2.水体种植设计

水体种植设计主要是指湖、水池、溪、涧、泉、河、堤、岛等处的植物造景。水体植物不仅能增添水面空间的层次，丰富水面空间的色彩，而且水中、水边植物的姿态、色彩所形成的倒影，均能加强水体的美感，丰富园林水体景观内容，给人以幽静含蓄、色彩柔和之感。

（三）按植物应用空间环境分类

1.建筑室外环境的种植设计

建筑室外环境的植物种类多、面积大，并直接受阳光、土壤、水分的影响，设计时不仅要考虑植物本身的自然生态环境因素，而且还要考虑它与建筑的协调，做到使园林建筑主题更加突出。

2.建筑室内的种植设计

室内植物造景是将自然界的植物引入居室、客厅、书房、办公室等建筑空间的一种手段。室内的植物造景必须选择耐阴植物，并给予特殊的养护与管理，要合理设计与布局，并考虑采光、通风、水分、土壤等环境因子对植物的影响，做到既有利于植物的正常生长又能起到绿化作用。

3.屋顶种植设计

屋顶的生态环境与地面相比有很大差别，无论是风力上、温度上，还是土壤条件上均对植物的生长产生了一定影响，因此在植物的选择上，应该仔细考虑以上因素，要选择那些耐干旱、适应性强、抗风力强的树种。在屋顶的种植设计中，应根据不同植物生存所必需的土层厚度，尽可能满足植物生长的基本需要，一般植物的最小土层厚度是：草本（主要是草坪、草花等）为15cm；小灌木为25～35cm；大灌木为40～45cm；小乔木为55～60cm；大乔木浅根系为90～100cm，深根系为125～150cm。

第五节　各类植物景观种植设计

一、树列与行道树设计

（一）树列设计

1.树列设计形式

树列也称列植，就是沿直线（或者曲线）呈线性的排列种植。树列的设计形式一般有两种，即一致性排列和穿插性排列两种。一致性排列是指用同种同龄的树种进行简单的重复排列，具有极强的导向性，但给人以呆板、单调乏味之感；穿插性排列是指用两种以上的树木进行相间排列，具有高低层次和韵律的变化，但是如果树种超过三种，则会显得杂乱无章。

2.树种选择

选择树冠体形比较整齐、耐修剪、树干高、抗病虫害的树种，而不选择枝叶稀疏、树冠体形不端正的树种。树列的株行距，取决于树种的特点，一般乔木3～8m甚至更大，而灌木为1～5m，过密则成了绿篱。

3.树列的应用

树列，可用于自然式园林的局部或规则式园林，如广场、道路两边、分车绿带、滨河绿带、办公楼前绿化等。行道树是常见的树列景观之一。

（二）行道树设计

行道树是有规律地在道路两侧种植乔木，用以遮阴而形成的绿带，是街道绿化最普遍、最常见的一种形式。

1.设计形式

行道树的种植形式有很多，常用的有树池式和树带式两种。

（1）树池式

它是指在人行道上设计几何形的种植池，用来种植行道树，经常用于人流量大或路面狭窄的街道上。由于树池的占地面积比较小，因此可留出较多的铺装面积来满足交通的需要。形状有正方形、长方形、圆形，正方形以 1.5m×1.5m 为宜，最小不小于 1m×1m；长方形树池以 1.2m×1.2m 为宜，长短边之比不超过 1∶2；圆形直径则不小于 1.5m。行道树的栽植位置一般位于树池的几何中心。

（2）树带式

它是指在人行道和非机动车道之间以及非机动车道和机动车道之间，留出一条不加铺装的种植带。种植带的宽度因道路红线而定，但最小不得小于 1.5m，可以种植一行乔木或乔、灌木间种。当种植带较宽时，可种植两行或多行乔木，同时为丰富道路景观，可在树带中间种植灌木、花卉或用绿篱加以围合。

2.树种选择

行道树的根系只能在限定的范围内生长，加之城市尘土及有害气体的危害、机械和人为的损伤，因此，对于行道树的选择要求比较严格，一般选择适应性强、易成活、树姿端正、体形优美、叶色富于季相变化、无飞絮、耐修剪、不带刺、遮阴效果好、对水肥要求不高、病虫害少、浅根系的乡土树种。

3.设计距离

行道树设计必须考虑树木之间、树木与建筑物（构筑物）之间、植物与地下管道线及地下构筑物之间、树木与架空线路之间的距离，使树木既能充分生长，又不妨碍建筑设施的安全。行道树的株距以成年树冠郁闭效果为最好，多用 5m 的株距，一些高的乔木，也用 6～8m 的株距，有时也采取密植的办法，以便在近期取得较好的绿化效果，树木长大后可间伐抽稀，定植到 5～6m 为宜。

4.安全视距

为了保证行车安全，在道路交叉口必须留出一定的安全距离，使司机在这段距离内能看到侧面道路上的车辆，并有充分刹车和停车的时间而不致发生事故。这种从发觉对方汽车并立即刹车而能够停车的距离，称为"安全视距"。根据两条相交道路的两个最短视距，可在交叉口转弯处绘出一个三角形，称为"视距三角形"。在此三角区内不能有建筑物、杆柱、树木等遮蔽司机视线，即便是绿化，植物的高度也不能超过0.7m。

二、孤景树与对植设计

（一）孤景树设计

孤景树也称孤植树，是指乔木孤立种植的一种形式，主要表现个体美。孤景树并非只种一棵树，有时为了构图需要，以增强其雄伟的感觉，常用两株或三株同种树紧密地种在一起（一般以成年树为准，种植距离在1.5m左右为宜），以形成一个单元，远看和单株植物效果相同。

1.孤景树的作用

孤景树的作用有观赏性、纪念性、标志性。首先，是园林构图艺术上的需要，给人以雄伟挺拔、繁茂深厚的艺术感染，或给人以绚丽缤纷、暗香浮动的美感；其次，是孤景树可以起到庇荫之用。

2.树种的选择

孤景树应选择那些具有枝条开展、姿态优美、轮廓富于变化、生长旺盛、成荫效果好、花繁叶茂等特点的树种，常用的有雪松、油松、五针松、白皮松、云杉、白桦、白玉兰、七叶树、红枫、元宝枫、枫香、悬铃木、银杏、垂柳、鹅掌楸、榕树、朴树等。

3.孤景树的位置

孤景树是园林植物造景中较为常见的一种形式，其位置的选择主要考虑四个方面，如表4-13所示。

表4-13 孤景树的位置

位置选择	具体要求
最好布置在开阔的大草坪中	一般不宜种植在草坪几何构图中心，应偏于一端，安置在构图的自然重心上，四周要空旷，留有一定观赏视距
布置在眺望远景的山冈上	既可供游人纳凉、赏景，又能丰富山冈的天际线
布置在开阔的水边、河畔等处	以清澈的水色为背景，游人可以庇荫、观赏远景
布置在公园铺装广场的边缘、人流较少的区域等地方	可结合具体情况灵活布置

（二）对植设计

对植是指用两株或两丛相同或相似的树木，按一定的轴线关系左右对称或均衡种植的方式。

1.对植设计形式

对植设计形式，通常有对称式和均衡式两种。对称式是指采用同种同龄的树木，按对称轴线做对称布置，给人以端庄、严肃之感，常用于规则式植物种植中。均衡式是指种植在中轴线的两侧，采取同一树种（但大小、树姿稍有不同）或不同树种（树姿相似），树木的动势趋向中轴线，其中稍大的树木离中轴线的距离近些，较小要较远，且两树种植点的连线与中轴线不成直角，也可在数量上有所变化，比如左侧是一株大树，右侧是同种两株小树，给人以生动活泼之感，常用于自然式植物种植中。

2.树种的选择

在对植设计中，对树种的选择要求不太严格，无论是乔木，还是灌木，只要树形整齐美观均可采用，对植的树木要在体形、大小、高矮、姿态、色彩等方面与主景和周围环境协调一致。

3.树种的应用

在园林景观中，对植始终作为配景或夹景，起陪衬和烘托主景的作用，并兼有庇荫和装饰美化的作用，通常用于广场出入口两侧、台阶两侧、建筑物前、桥头、道路两侧以及规则式绿地等处。

三、树丛设计

树丛，通常是由两株到十几株同种或不同种树木组合而成的种植类型，主要体现树木的群体美，彼此之间既有统一的联系，又有各自的变化。配植树丛的地面，可以是自然植被、草坪、草花地，也可以配置山石或台地。

（一）树丛设计的形式

1.两株树丛

两株植物的配植既要有协调，又要有对比。如果两株植物的大小、树姿等一致，则显得呆板；如果两株植物差异过大，对比过于强烈，又难以均衡。最好是同一树种，或外观相似的不同树种，并且在大小、树姿、动势等方面有一定程度的差异。因为这样配植在一起，显得生动活泼。两株植物的栽植间距应小于两树冠的一半，可以比小的一株的树冠还要小，这样才能成为一个整体。

2.三株树丛

三株植物的配植，最好同为一个树种。如果是两个不同树种，宜同为常绿或落叶，同为乔木或灌木。树种差异不宜过大，一般很少采用三株异种的树丛配置，除非它们的外观极为相似。三株丛植，立面上大小、树姿等要有对比；平面上忌在同一直线上，也不要按等边三角形栽植，最大的一株和最小的一株靠近组成一组，中等大小的一株稍远为另一组，这两小组在动势上要有呼应，顾盼有情，形成一个不可分割的整体。

3.四株树丛

四株树丛的配植，在树种的选择上，可以为相同的树种（在大小、距离、树姿等方面不同），也可以为两种不同的树种（但要同为乔木或同为灌木）。如果三种以上的树种或大小悬殊的乔灌配置在一起，就不易协调统一，原则上不宜采用。四株树组合，不能种在一条直线上，要分组栽植，但不能两两组合，也不要任意三株成一直线，可分两组或三组，呈3∶1组合（三株较靠近，另一株远离）或2∶1∶1组合（两株一组，另外两株各为一组且相互距离均不等）。如果四株树种相同时，应使最大的和最小的成一组，第二、三位的两株各成一组（2∶1∶1）或者其中一株与最大、最小的组合在一起，另一株分离（3∶1）；如果四株树种不同时，其中三株为一树种，一株为另一树种，这单独的一株大小应适中，且不能单成一组，而要和另一树种的两株树成一个三株混植的一组，在这一组中，这一株和另外一株靠近，在两小组中，居于中间，不宜靠边。

4.五株树丛

五株树丛可为相同树种（动势、树姿、间距等方面不同），最理想的组合方式为3∶2（最大一株要位于三株的小组中，三株的小组与三株树丛相同，两株的小组与两株树丛相同，两小组要有动势呼应）。此外，还有4∶1组合（单株的一组，大小最好是第二或第三，两小组要有动势）。也可以为不相同的两个树种，如果是3∶2组合，不宜把同种的三株种在同一单元，而另一树种的两株种在同一单元；如果是4∶1组合，应使同一树种的三株分别植于两个小组中，而另一树种的两株树不宜分离，最好配植在同一组合的小组中，如果分离，则使其中一组置于另一树种的包围之中。

树木的配植，株数越多，则配置越复杂，但有一定的规律可循：孤植和两株丛植是基本方式，而三株是由一株和两株组成，四株则由一株和三株组成，五株可由一株和四株或两株和三株组成，六七株、八九株同样，以此类推。

（二）树丛设计的应用

树丛的应用比较广泛，有做主景的，有做诱导的，有做庇荫的，有做配景的，如表4-14所示。

表4-14 树丛的应用

作　用	说　明
做主景的树丛	可配植在大草坪的中央、水边、河旁、岛上或小山冈上等
做诱导的树丛	布置在出入口、道路交叉口和弯道上，诱导游人按设计路线欣赏景观
做庇荫的树丛	通常是高大的乔木
做配景的树丛	多为灌木

四、树群设计

群植，即组合栽植，数量在20～30株，主要是体现植物的群体美。

（一）树群设计的形式

树群可分为单纯树群和混交树群。单纯树群是指由同一种树木组成，特点是气势大，整体统一，突出量化的个性美。混交树群是指由不同品种的树木组成，特点是层次丰富，接近自然，通常由乔木层、亚乔木层、大灌木层、小灌木层、多年生草本五部分组成，分布原则是，乔木层在中央，四周是亚乔木层，灌木在最外缘，每一部分都要显露出来，以突出观赏特征。

（二）树种的选择

混交树群设计，应从群落的角度出发。乔木层选用姿态优美、林冠线富于变化的阳性树种；亚乔木层选用开花繁茂、叶色美丽的中性树种或稍能耐阴的树种；灌木应以花木为主，多为半阴性或阴性树种；草本植被选用多年野生花卉为主。树种一般不超过10种，过多会显得繁杂，最好选用1～2种作为基调树种，分布于树群各个部位，同时，还应注意树群的季相变化。

（三）树群的应用

树群在园林中应用广泛。通常布置在有足够距离的开敞场地上，如靠近林缘的草坪、宽广的林中空地、水中小岛屿、宽阔水面的水滨、小山的山坡等地方。树群主立面的前方，至少要在树群高的4倍、树群宽的1.5倍距离上，要留出大片空地，以便游人欣赏景色。树群的配植要有疏密，不能成行成列栽植。

五、树林设计

树林也称林植，是指成片、成块大量种植乔木或灌木，以形成林地和森林景观。树林的设计形式可分为密林和疏林两种。

（一）密林

密林是指郁闭度为0.7 ~ 1.0的树林，一般不便于游人活动。密林有单纯密林和混交密林两种，如表4-15所示。

表4-15　密林的分类

分类	树种选择与应用	具体要求
1.单纯密林	树种的选择	单纯密林，通常是由一个树种组成的，由于它在园林构图上相对单一，季相变化也不丰富，因此在树木的选择上，应以那些生长健壮、适应性强、树姿优美等富于观赏特征的乡土树种为主，比如马尾松、枫香、毛竹、白皮松、金钱松、水杉等树种
	单纯密林的应用	在园林构图上，树木种植的间距应有疏有密且疏密自然，同时，随着地形的变化，林冠线也应随之富于变化，或配植同一树种的孤植树或树丛等，来丰富林缘线的曲折变化，使单纯密林具有雄伟的气氛，给人以波澜壮阔、简洁明快之美感
2.混交密林	树种的选择	混交密林是指一个具有多层结构的植物群落，季相变化颇为丰富，景观华丽多彩。在植物的选择上，要特别注重植物对生态因子的要求、乔木和灌木的比例以及常绿树和落叶树的混交形式
	混交密林的应用	大面积混交密林的植物组合方式多采用片状或带状配置，如果面积较小时，常用小块和点状配置，最好是常绿与落叶树穿插种植，种植间距疏密相宜，如冬天有充足的阳光洒落、夏天有足够的绿荫遮挡。在供游人观赏的林缘部分，其垂直的成层景观要十分突出，但也不宜全部种满，应留有一定的风景透视线，使游人可观赏到林地内幽远之境，如有回归大自然之感，因此可设园路伸入林中

单纯密林为了使单纯树种景观丰富，常采用异龄树种加林下草本植被的配置，如种植开花艳丽的耐阴或半耐阴的草本植物。

混交密林除了满足植物对生态因子的需求外，还要兼顾植物层次和季相变化。

（二）疏林

疏林常与草地结合，因此又称疏林草地，郁闭度为0.4 ~ 0.6，是园林中应用最多的一种形式。

1.树种的选择

疏林在树种的选择上，要以树姿优美、生长健壮、树冠疏朗开展或具有较高观赏价值的树木为主，并以落叶树种为多，如合欢、白桦、银杏、枫香、玉兰、鹅掌楸、樱花、桂花、丁香等；林下草地应该选择耐践踏、绿叶期长的草种，以便于人们在上面开展活动。

2.疏林的应用

疏林树木间距一般为10～20m，以不小于成年树的树冠为准，林间须留出较多的空地，形成草地或草坪。游人在草坪上可进行多种形式的游乐活动，如观赏景色、看书、摄影、野餐等。

六、林带设计

林带是指数量众多的乔木林、灌木林，一般树种呈带状种植，是列植的扩展种植，如表4-16所示。

表4-16　林带设计

内　容	具体要求
1.设计形式	林带多采用规则式种植，也可采用自然式种植。林带与列植的不同在于，林带树木的种植不能成行、成列、等距离地栽植，天际线要起伏变化，多采用乔木、灌木树种结合，而且树种要富于变化，以形成不同的季相景观
2.树种的选择	在园林绿地中，一般选用1～2种树木，多为高大的乔木，树冠枝叶繁茂的树种，常用的有水杉、杨树、栾树、刺槐、火炬树、白桦、银杏、桧柏、山核桃、柳杉、池杉、落羽杉、女贞等
3.林带的应用	在园林绿地中，林带多应用于周边环境、路边、河滨等地，具有较好的遮阳、除噪、防风、分割空间等作用
4.林带的株距	在园林绿地中，林带的株距视树种特性而定，一般为1～6m窄冠幅的小乔木株距较小，树冠开展的高大乔木则株距较大，总之，以树木成年后树冠能交接为准

七、植篱设计

植篱是由灌木或小乔木以相等的株行距，栽植成单行或双行，排列紧密的绿带形式。园林绿地中，植篱常用作边界、空间划分、屏障，或作为花坛、花境、喷泉、雕塑的背景与基础造景等。

（一）植篱设计的形式

1.按高度划分

根据高度的不同，植篱可分为矮绿篱、中绿篱、高绿篱和绿墙四种，如表4-17所示。

表4–17　植篱按高度分类

种　类	高　度	作　用
1.矮绿篱	高度在50cm以下，人们可不费力地跨过，一般选择株体矮小或枝叶细小、生长缓慢、耐修剪的树种	具有象征性划分园林空间的作用
2.中绿篱	高度为50～120cm，人们比较费事才能跨过，这是园林中最常用的绿篱类型，即为人们所说的绿篱	具有分隔园林空间、诱导游人赏景的作用
3.高绿篱	高度为120～160cm，人们的视线可以通过，但人不能跨过	经常用作园林绿地的空间分隔与防护，或者组织交通
4.绿墙	高度在160cm以上，人们的视线不能通过，如桧柏、珊瑚树等	分隔园林空间，阻挡游人视线，或做背景

2.按功能与观赏要求划分

根据功能与观赏要求的不同，植篱可分为常绿篱、落叶篱、花篱、果篱、刺篱、蔓篱、编篱等，如表4-18所示。

表4–18　植篱按功能与观赏要求分类

种　类	说　明
常绿篱	由常绿树设计而成，是园林运用较多的一种植篱，常用的有千头柏、大叶黄杨、瓜子黄杨、桧柏、侧柏、雀舌黄杨、蜀桧、石楠、茶树、香柏、海桐、中山柏、铅笔柏、罗汉松、云杉、珊瑚树、冬青等
落叶篱	由落叶树组成，东北、华北地区常用，主要有水蜡、榆树、丝棉木、紫穗槐、柽柳、雪柳、小叶女贞等
花篱	由观花树木组成，是园林中较为精美的植篱，主要有桂花、栀子花、茉莉、六月雪、凌霄、迎春、木槿、麻叶绣球、日本绣线菊、金钟花、珍珠梅、月季、杜鹃、郁李、黄刺玫、棣棠等
果篱	由观果树木组成，常用的树种有紫珠、小檗、枸骨、火棘、金银木等。为了不影响观赏效果，一般不做过重的修剪
刺篱	在园林中为了防范之用，常用带刺的植物作为植篱，常用树种有枸骨、枸橘、花椒、胡颓子、酸枣、玫瑰、蔷薇、云实、柞木、马甲子、刺柏、红皮云杉、黄刺玫、小檗、火棘等
蔓篱	指设计一定形式的篱架，并用藤蔓植物攀缘其上所形成的绿色篱体景观，主要用来围护和创造特色篱景。常用的植物有常春藤、爬山虎、紫藤、凌霄、茑萝、三角花、木通、蔷薇、云实、扶芳藤、金银花、牵牛花、香豌豆、月光花、苦瓜等
编篱	为了增加防范作用，避免游人或动物穿行，有时把绿篱的枝条编起来，做成网状或格状式，以此增加绿篱牢固性。常用的植物有木槿、杞柳、紫薇等枝条柔软的树种

（二）植篱的应用（见表4-19）

表4-19　植篱的应用

作　用	说　明
1.作为防范的边界物	在园林绿地中，用绿篱作为防范的边界，比用构筑物要显得有生机而且美观，它可以组织游人的游览路线，常用的有刺篱、高绿篱、绿墙等
2.作为规则式园林的区划线	规则式园林中，常以中植篱作为分界线，以矮绿篱做花境的镶边，或做模纹花坛、草坪图案等
3.作为屏障和组织空间之用	为了减少互相干扰，常用绿篱或绿墙进行分区和屏障视线，以便分隔不同的空间，最好用常绿树组成高于视线的绿墙。如安静休息区和儿童活动区的分隔
4.作为花境、喷泉、雕塑的背景	在园林景观设计中，经常用常绿树修剪成各种形式的绿墙，作为喷泉和雕塑的背景，其高度要与喷泉和雕塑的高度相称，色彩以选用没有反光的暗色树种为好。作为花境背景的绿篱一般为常绿的高绿篱、中绿篱
5.美化挡土墙	在各种绿地中，为避免挡土墙立面的枯燥，常在挡土墙的前方栽植绿篱，以便把挡土墙的立面美化起来

八、花卉造景设计

花卉造景是指利用草本和木本植物组织景点，选择的花卉要开花鲜艳、姿态优美、花香浓郁，主要作用是烘托气氛、丰富园林景观。

（一）花坛设计

花坛是指在具有一定几何轮廓的种植床内，种植各种不同色彩的花卉，从而构成一幅具有鲜艳色彩或华丽纹样的装饰图案以供观赏。主要是表现植物的群体美，而不是植物的个体美。花坛在园林构图中常作为主景或配景。

1.花坛设计形式

（1）独立花坛

它是指具有几何轮廓，作为园林构图的一部分而独立存在的花坛。根据花坛所表现主题以及所用植物材料的不同，独立花坛可分为花丛花坛、模纹花坛、混合花坛三种形式。独立花坛的平面一般具有对称的几何形状，有单面对称的，也有多面对称的，其长短的差异不得大于三倍。独立花坛面积不宜太大，若是太大，必须与雕塑、喷泉或树丛等结合布置。常用作园林局部的主景，一般布置在建筑广场的中心、公园出入口的空旷地、大草坪的中央、道路的交叉口等处。

花丛花坛又称盛花花坛，以观花草本花卉盛开时，花卉本身华丽的群体美为表现主题，设计时以花卉的色彩为主，图案为辅，选用的花卉必须开花繁茂，在开花时，能达到只见花、不见叶的景观效果。

模纹花坛又称毛毡花坛、嵌镶花坛、图案式花坛，采用不同色彩的花卉、观叶植物或花叶兼美的草本植物组成华丽的图案纹样来表现主题。其形式有平面模纹和立体模纹，平面模纹可修剪成不同的图案纹样，注重平面及居高俯视效果；立体模纹可修剪成花篮、动物形象等，注重立面效果。模纹花坛选用的植物要求植株矮小、萌蘖性强、枝密叶细、耐修剪，五色苋等为常用。

混合花坛是花丛花坛和模纹花坛的混合，通常兼有华丽的色彩和精美的图案纹样，观赏价值较高。

（2）组合花坛

它是由多个个体花坛组成的不可分割的园林构图整体，有的呈轴对称，有的呈中心对称，在构图中心上，可以设计一个花坛，也可以设计喷泉水池、雕塑、纪念碑或铺装场地等。多用于较大的规则式园林绿地空间、大型广场、公共建筑设施前。组合花坛的个体之间地面一般铺装，可以设置坐凳、坐椅或直接将花坛的植床壁设计成坐凳，人们既可以休息，又可以观赏景色。

（3）带状花坛

带状花坛是指设计宽度在1m以上、长比宽大三倍以上的长方形花坛。在连续的园林景观构图中，带状花坛常作为主体景观来运用，具有较好的环境装饰美化效果和视觉导向作用，如在道路两侧、规则式草坪、建筑广场边缘、建筑物墙基等处均可设计带状花坛。

花坛的类型不止以上介绍的几种，还有连续花坛群、沉床花坛、浮水花坛等。

2.花坛的设计原则

花坛的设计原则，如表4-20所示。

表4-20　花坛的设计原则

原　则	说　明
花坛的布置要与周围的环境求得统一	花坛的布置一定要与周围的环境联系起来，比如，自然式的园林不宜用几何轮廓的独立花坛。作为主景的花坛，要做得突出些；作为配景用的花坛要起到烘托主景的作用，不宜喧宾夺主。布置在广场上的花坛，面积要与广场成一定的比例，并注意交通功能上的要求
植物选择要因类型和观赏时期的不同而异	花坛是以色彩、图案构图为主，选用1～2年生草本花卉，很少用木本植物和观叶植物。花丛花坛要求开花一致，花序高矮规格一致；模纹花坛以表现图案为主，最好用生长缓慢的多年生观叶植物。花坛用花宜选择株形整齐、多花性、花期长、花色鲜明、耐干燥、抗病虫害的品种，常用的有金鱼草、雏菊、翠菊、鸡冠花、石竹、矮牵牛、一串红、万寿菊、三色堇、百日草等
主题鲜明，注重美学，突出文化性	主题是造景思想的体现，是神韵之所在，特别是作为主景的花坛更应该充分体现其主题功能和目的，同时从花坛的形式、色彩、风格等方面都要遵循美学原则，展示文化内涵

（二）花境设计

花境是以多年生草本花卉为主组成的带状景观，既要表现植物个体的自然美，又要注重植物自然组合的整体美，它是园林从规则式构图到自然式构图的一种过渡。平面形式与带状花坛相似，外轮廓较为规整，内部花卉可自由灵活布置。

1.花境设计形式

花境的设计形式有单面欣赏和双面欣赏两种。

（1）单面欣赏的花境

花卉配置成一斜面，低矮的种在前面，高的种在后面，以建筑或绿篱作为背景，它的高度可以超过游人的视线，但是也不能超过太多。设计宽度为2～4 m，一般布置在道路两侧，建筑、草坪的四周。

（2）双面欣赏的花境

花卉植株低矮的种在两边，高的种在中间，但中间花卉高度不宜超过游人视线，因此，可供游人两面观赏，无须背景。一般布置在道路、广场、草地的中央等。

2.花境的应用

花境在园林中应用的形式很多，常用的五种形式如表4-21。

表4-21 花境的应用

种 类	说 明
1. 以绿篱为背景的花境	沿着园路边,设计一列单面欣赏的花境,花境的后面以绿篱为背景,绿篱以花境为点缀,不仅可弥补绿篱的单调,而且可构成绝妙的一景,使两者相得益彰
2. 与花架、游廊配合布置的花境	沿花架、游廊的建筑基台来布置花境,极大地丰富了园林景观,同时还可在花境的一侧设置园路,游人在园路上就可欣赏到景色
3. 布置在建筑物墙边缘的花境	建筑物墙体与地面相交的部分,过于生硬,缺少过渡,一般采用单面欣赏花境来缓和,从而使建筑物与地面环境取得协调,植物的高度宜控制在窗台以下
4. 布置在道路上的花境	在园林设计中,道路上的花境常用的布置形式有两种:一是在道路中央布置双面观赏的花境,二是在道路两侧分别布置单面欣赏的花境,并使两列花境向中轴线集中,成为一个完整的园林构图,给人以美的享受
5. 布置在围墙和挡土墙边的花境	围墙和挡土墙立面单调,为了绿化墙面,利用藤本植物作为基础种植,在围墙的前方布置单面欣赏的花境,墙面成为花境的背景

（三）花台、花池与花丛的设计

1.花台设计

花台种植床较高，一般为40～100cm，适合近距离观赏，以表现花卉的姿态、芳香、花色等综合美为主。在园林景观中，花台经常做主景或配景，布置在大型广场、道路交叉口、建筑入口等。花台形式有规则型和自然型两种，既可设计成单个的花台，又可设计成组合花台。

2.花池设计

花池的种植床高度和地面相差不多，池缘一般用砖石作为围护，池中种植花木或配置山石小品，是我国传统园林中常用的植物种植形式。

3.花丛设计

花丛是指由3～5株，多则几十株组成，无论是平面还是立面都属于自然式配置。花卉的选择种类不宜过多，间距要疏密有致，同一花丛色彩要有变化。花卉种类的选择，通常选用多年生，且生长健壮的花卉，或选用野生花卉和自播繁衍的1～2年生花卉。常布置在树林外缘或园路小径的两旁、草坪的四周和疏林草地。

九、草坪设计

在园林中，作为开敞空间，为游人进行活动而专门铺设的，并经人工修剪成平整的草地称为草坪。在生态方面，草坪有改善气候、杀菌、减少灰尘、净化空气、降温等作用；在景观方面，草坪以绿地为底色，给人以视野开阔、心胸舒畅之感。

（一）草坪设计的形式

草坪的设计形式多种多样。按作用和用途的不同，草坪可分为游憩性草坪、体育草坪、观赏性草坪和护坡草坪等；按植物组成不同，草坪可分为纯一草坪、混合草坪和缀花草坪；按季相特征与生活习性的不同，草坪可分为夏绿草坪、冬绿草坪和常绿草坪；按设计形式的不同，草坪可分为规则式草坪、自然式草坪。

（二）草坪植物的选择

草坪植物的选择，要根据草坪的形式而定，如表4-22所示。

表4-22　草坪的植物选择

草坪设计形式	具体要求
1. 游憩和体育草坪	选择耐践踏、耐修剪、适应性强的植物，如早熟禾、狗牙根、结缕草等
2. 观赏草坪	要求植株低矮、叶片细小、叶色翠绿且绿叶期长，如天鹅绒草、早熟禾等
3. 护坡草坪	要求根系发达、适应性强、耐干旱，如结缕草、白三叶、假俭草等

（三）草坪坡度的设计

因草坪的设计形式不同，对草坪的坡度和排水有着不同的要求，如表4-23所示。

表4-23　不同形式草坪的坡度

草坪设计形式		坡度要求	排水要求
游憩草坪		自然式草坪坡度 5% ~ 10% 为宜，小于 15%	自然排水坡度 0.2% ~ 5%
体育草坪	足球场草坪	中央向四周以小于 1% 为宜	自然排水坡度 0.2% ~ 1%，如果场地具有地下排水系统，则草坪坡度可以更小
	网球场草坪	中央向四周的坡度为 0.2% ~ 0.8%，纵向坡度大，横向坡度小	
	高尔夫球场草坪	因具体使用功能不同而变化较大，如发球区小于 0.5%，障碍区有时坡度达 15%	
	赛马场草坪	直道坡度 1% ~ 2.5%，转弯处坡度 7.5%，弯道坡度 5% ~ 6.5%，中央场地 15% 或更高	
观赏草坪		平地观赏草坪坡度不小于 0.2%，坡地观赏草坪坡度不超过 50%	自然安息角以下和最小排水坡度以上

（四）草坪的应用

在园林设计中，草坪的应用比较广泛，主要有三个方面，如表4-24所示。

表4-24　草坪的应用

应　用	说　明
结合树木，划分空间	草坪具有开阔性的空间景观，最适用于面积较大的集中绿地，在植物配植上，选用树形高耸、树冠庞大的树种，配置在宽阔的草坪边缘，草坪中间则不配植层次过多的树丛，树种要单纯，林冠线要整齐，边缘树丛要前后错落，这样才能显出一定的深度
作为地被，覆盖地面	在园林中，绿化以不露黄土为主，几乎所有的空地都可设置草坪。草坪可以有效防止水土流失和尘土飞扬，同时能创造绿毯般的空间，丰富人的视野，给人以生机和力量
结合地形，组织景观	平地和缓坡设计游憩草坪；陡坡设计护坡草坪；山地设计树林景观；水边注意空间延深，起伏的草坪从山脚延伸到水边

十、水体植物种植设计

水是园林的灵魂，给人以清澈、亲切、柔美的感觉。园林中的各类水体，无论是主景，还是配景，无一不借助植物来丰富水体的景观，通过水生植物对水体的点缀，犹如锦上添花，使景观更加绚丽。

（一）水生植物种植设计

水生植物种植设计，主要从四个方面考虑，如表4-25所示。

表4-25　水生植物种植设计的原则

设计原则	具体要求
疏密有致、若断若续、不宜过满	水中的植物布置不宜太满，应留出一定面积的活泼水面，使周围景物在水中产生倒影，形成一种虚幻的境域，丰富园林景观。否则，会造成水面拥挤，不能产生景观倒影而失去水体特有的景观效果，也不能沿水面四周种满一圈，会显得单调、呆板，一般较小的水面，植物所占的面积不超过1/3
植物种类、配植方式要因水体大小而异	若水池较小，可种一种水生植物；若水池较大，可考虑结合种植，选择不同的水生植物混植，除满足植物的生态要求外，构图时要做到主次分明，植物的姿态、高矮、叶色等方面的对比调和要尽量考虑周全
植物选择要充分考虑植物的生态习性	水生植物按生态习性的不同，可分为沼生植物、漂浮植物、浮生植物三类。沼生植物根生于泥中，植株直立，挺出水面，一般生长在水深不超过1m的浅水区，如荷花、芦苇、慈姑、千屈菜等；漂浮植物在深水、浅水中都能生长，并且繁殖迅速，有一定经济价值，如水浮莲、浮萍等；浮生植物种在浅水或稍深的水面上，根生于泥中，茎不挺出水面，仅有叶、花浮于水面上，如芡实、睡莲等

（续表）

设计原则	具体要求
安装设施、控制生长	水生植物生长迅速，如果不加以控制，很快就会在水面上蔓延，从而影响整个景观效果，为了控制水生植物的生长，常须在水下安置一些设施。如种植面积大，可用耐水湿的建筑材料砌筑种植床，这样可以控制其生长范围；如水池较小，一般设砖石或混凝土支墩，用盆栽植水生植物，放在支墩上，如水浅时可以不用支墩

（二）水体驳岸边种植设计

水体驳岸边植物配植，不但能使岸边与水面融为一体，而且能对水面的空间景观起主导作用。

1.土岸边的植物种植

自然土岸边的植物配植最忌等距离，用同一树种、同样大小，甚至整形修剪，绕岸四周栽一圈；应该结合地形、道路、岸线来配植，做到有近有远、有疏有密、若断若续、自然有趣，在岸边植以大量花灌木、树丛及姿态优美的孤植树，尤其是变色叶的树木，做到四季有景。

2.石岸边的植物种植

石岸有自然式石岸和规则石岸两种。自然式石岸线条丰富，配以优美的植物线条及色彩，可增添景色与趣味；规则式石岸线条生硬，通常用具有柔软枝条的植物来缓和。例如，苏州拙政园规则式的石岸边种植了垂柳和南迎春，细长柔和的柳枝下垂至水面，圆拱形的南迎春枝条沿着笔直的石岸壁下垂至水面，丰富了生硬的石岸。

十一、攀缘植物种植设计

（一）攀缘植物设计形式

攀缘植物设计的形式有很多，常用的形式如表4-26所示。

表4-26　攀缘植物设计形式

类　型	具体内容
1.廊、柱或架式	利用花廊、花架、柱体等建筑小品作为攀缘植物的依附物来造景，具有美化空间、遮阴等功能。一般选用一种攀缘植物种在边缘地面或种植池中，如果为了丰富植物种类，创造多种花木景观，也可选用几种形态与习性相近的植物

类　型	具体内容
2. 墙面式	为了打破建筑物、构筑物墙面的呆板、生硬，常在建筑物墙基部种植攀缘植物，进行垂直绿化，不仅能增添绿意，显得有生机，而且还能有效防止西晒。这是占地面积最小、绿化面积最大的一种设计形式
3. 篱垣式	利用篱架、栅栏、铁丝网等作为攀缘植物的依附物来造景。篱垣式既有围护防范作用，又能起到美化环境的作用，因此，园林绿地中各种竹、木篱架、铁栅栏等多采用攀缘植物绿化，从而构成苍翠欲滴、繁花似锦、硕果累累的植物景观
4. 垂帘式	一般用于建筑较高部位，并使植物茎蔓挂于空中，形成垂帘式的植物景观，如遮阳板、雨篷、阳台、窗台、屋顶边缘等处的绿化。垂帘式种植必须设计种植槽、花台、花箱或进行盆栽

（二）攀缘植物的选择

攀缘植物茎干柔弱纤细，自己不能直立向上生长，必须以某种特殊方式攀附于其他植物或物体上才能正常生长。在园林中，攀缘植物种类很多，形态习性、观赏价值各有不同。因此，在设计时须根据具体景观功能、生态环境和观赏要求等做出不同的选择。常用的攀缘植物有紫藤、常春藤、五叶地锦、三叶地锦、葡萄、猕猴桃、南蛇藤、美国凌霄、木香、葛藤、五味子、铁线莲、茑萝、云实、丝瓜、扶芳藤、金银花、牵牛花、藤本月季、蔷薇、络石、牵牛花等。

（三）攀缘植物的应用

攀缘植物是一种垂直绿化植物，优点在于利用较小土地和空间即可达到一定程度的绿化效果，人们经常用它来解决城市和某些建筑拥挤、地段狭窄，没有办法栽植乔木、灌木等地的绿化问题。多用于建筑墙面、花架、廊柱等处的绿化，具有丰富的立面景观。攀缘植物除绿化作用外，其优美的叶形、繁茂的花簇、艳丽的色彩、迷人的芳香及累累的果实等，都具有较高的观赏价值。

园林的生态环境各种各样，不同植物对生态环境的要求也不尽相同，因此，设计时要注意选择合适的攀缘植物。如墙面绿化，向阳面要选择喜光、耐干旱的植物，而背面则要选择耐阴植物；南方多选用喜温树种，北方则必须考虑植物的耐寒能力。

以美化环境为主要种植目的，则要选择具有较高观赏价值的攀缘植物，并注意与攀附的建筑、设施的色彩、风格、高低等配合协调，以取得较好的景观效果。如灰色、白色墙面，选用秋叶红艳的植物就较为理想；如要求有一定彩色效果时，多选用观花植物，如多花蔷薇、三角花、云实、凌霄、紫藤等。

第五章　园林绿化施工

第一节　绿化种植工程概述

绿化种植工程指的是根据正式的园林设计或一定的计划完成某一地区的全部或局部的植树任务。绿化种植工程的主要对象是有生命的绿色植物，所以，与普通工程相比，绿化种植工程有明显的不同之处。一切绿化规划设计，都要通过种植工程的施工来实现；种植工程施工是把人们的理想（计划、规划设计）变为现实的具体工作。

栽植的工作具有一定的系统性，主要包括起苗前的根与枝叶控制、掘起、包装、搬运、种植等一系列步骤。将要移栽的植物从某地连根起出的操作，叫起苗。将掘起的植株，进行合理包装，并运到栽植地点，叫搬运。按要求将移来的植物栽植入土的操作，叫种植。"定植"指的是栽植之后不再进行挪动；"移植"指的是栽植后过一段时间要挪到另一个地点；"假植"指的是在掘起或搬动后，由于某些原因不能及时种植，为保护植株根系、维持正常的生理活动而临时埋于土中的措施。

一、种植施工原则

为了保证种植工作能够按时完成任务，需要注意以下几个问题：

第一，必须符合规划设计要求。为了充分实现设计者所预想的美好意图，施工者必须熟悉图纸，理解设计意图与要求，并严格遵照设计图纸进行施工。如果出现设计图纸与现场不相符的情况，须立即与设计人员沟通，在取得设计人员的同意之后，才可以进行相关调整。

第二，种植技术必须符合树木的生活习性。不同树种除有树木共同的生理特性外，还有本身的特性，施工人员必须了解其共性与特性，并采取相应的技术措施，否则将无法保证植株的成活率，种植工程的工作进度也会受到影响。

第三，抓紧最适宜的种植季节施工。

第四，严格执行种植工程的技术规范和操作规程。

二、树木栽植成活的原理

树木在正常生长的过程中，其根系与土壤密切结合，树干与树根的生理代谢处于平衡状态。但在挖掘的过程中，大部分根系会被砍断，且吸收根大部分损失，破坏了树干与树根代谢的相对平衡，而根系需要一段时间才可以再生，树干与树根新平衡的建立同样需要时间。栽植成活的关键是如何使移栽的树木与新环境迅速建立正常关系，及时恢复树体以水分代谢为主的代谢平衡。树种的习性、年龄、栽植技术、物候状况以及与影响生根和蒸腾为主的外界因子都影响了这种新平衡建立的速度。

树木的年龄对栽植的成活率有很大影响。幼苗植株小，起掘过程根系损伤率低，地上部分体积小，水分蒸腾量不大，而植株营养生长旺盛，再生力强，容易恢复水分平衡，栽植成活率容易提高。幼树因为植株小，受到损伤后不易恢复，也因为树体小，其绿化效果无法在短时间内得到发挥。壮龄树的树体高大，移植成活后很快就能发挥绿化效果。但壮龄树的树体庞大，掘起时根系损伤大，吸收根保留少，地上部分枝叶多，耗水量大，水分平衡不易恢复，如果对枝叶进行大强度修剪，其蒸腾作用所产生的水分损耗就会有所减少，同时也会破坏树木的整体，且壮龄树营养生长已逐渐衰退，恢复最佳的可观赏树冠所需的时间较长。

此外，由于规格过大移植操作困难，施工技术复杂，会大大增加工程的造价。所以，通常情况下多选用胸径大于3厘米的幼、青年期的大规格苗木，如果一些绿化工程有特殊要求，才选择壮龄树。

实践证明，影响栽植成活的主要因素，因树种、地区气候等环境条件的不同而有所差异。

三、移栽定植时期

栽植成活的原理说明，蒸腾作用小、蒸腾量少，有利于根系恢复生长和吸收，易于维持水分代谢平衡的时期是最适宜栽植的时期。如落叶树一般在秋季落叶后至春季萌芽前移栽。在春季干旱严重又难于灌溉地区，以当地雨季栽植为好。而在土壤不冻结、空气不太干燥的南方地区，也可在冬季进行栽植。

就大多数地区而言，春季和秋季都是适宜移栽的季节。至于春植好还是秋植好，历来有不少争论，国内外的研究结果多数认为秋植为优。

（一）春季栽植

大多数栽植都在春季进行。在春季，树木对温度的敏感性有所上升，其中根系的敏感性要强于枝叶部分，即根系活动比地上部分早，春植符合树木先生长根系、后发枝叶的物候顺序，有利水分代谢的平衡。具肉质根的树木，如山茱萸、木兰属、鹅掌楸等，以春栽为好。

针对不同树种的不同萌芽时期来安排春植工作，还要考虑栽植地环境的情况。通常情况下的规律是早萌芽的树种先种植，迟萌芽的树种后种植，如松、竹类宜早；落叶树种在芽萌动前栽完；常绿树种可稍晚，但也不宜在萌动后栽植。

（二）雨季栽植

春旱地区没有充足的水分，又有较大的蒸发量，因此不适宜进行栽植。在春季干旱的地区雨季是比较适宜的栽种时期。但雨季栽植必须掌握恰当的时机，以连续阴雨天气为佳。华南春旱地区，雨季往往在高温月份，阴晴相间，短期下雨间有短期高温强光的日子，极易导致新栽的树木水分代谢失调，因此，对本地的降雨规律和降雨情况要做到"心中有数"，当遇到连续几天的阴雨天气时要及时组织栽植。连续多天下雨后，土壤水分过多，通气不良，栽植作业时使土壤泥泞，不利于新根恢复生长，并易引起根系腐烂，尤以土质黏重为甚，应待雨停后2～3天再栽植。

（三）秋季栽植

秋季的土温下降较慢，枝叶已停止生长，蒸腾量逐渐减少，丰富的有机营养都储藏在树体中，在土层水分状态较稳定的地区，在越冬前根系通常有一个小的生长高峰，这些条件都有利于栽植初期的水分平衡和根系生长与吸收的恢复，故在秋季没有严重干旱的地区可行秋植。秋季栽植后，如果土温依旧适合植株生长，植株还有生长的机会，第二年春季根系很早就开始活动，成活率较高。江南栽竹在秋季9—10月进行，成活的竹翌春就能发生少量的笋，有利于景观的提早成形。

（四）冬季栽植

如果华南地区的冬季比较湿润，也是较为适宜的栽植季节。如广州1月的气温最低，多年平均气温为13.3℃，没有气候学上的冬季，故从1月起就可种植樟树、松树等常绿深根性树种，2月即可全面开展植树工作。

常绿树种的土球范围内有很多吸收根，所以栽植时间没有严格要求，一年四季都适合栽植，栽植时机则取决于树体状态，最好在营养生长的停滞期（两次生长高峰之间）进行，此时地上部分生长暂时停顿，而根系正在较快生长，栽植后容易恢复。

四、苗木选择与相应的施工措施

由于树种的不同，遗传特性也不同，不同植物在长时间的自然选择和人工培育过程中，遗传特性也受到了不同影响，故各种树木对环境条件的要求和适应能力表现出很大的差异，对于移植的适应能力也是如此。在种植施工过程中，必须按照各树种特性的不同采取相应的技术措施，这样移植的成功率才能得到保障。有一些植物在移植的时候必须携带土球，要在适宜的栽植时期进行栽植，如串钱柳、木兰类的树种；有一些植物具有很强的再生能力和发根能力，容易移植成活，栽植措施可简单一些，例如紫檀、榕属一些种类等。

树木移植最忌根部失水，最好能够随掘、随运、随栽；若苗木、树木掘起后一时未能施工种植，应对其假植进行妥善保护，使根系保持湿润状态，减少枝叶水分的流失。但也有个别树种，如牡丹等具有肉质根植物，根系含水量较高，掘起苗后最好晾晒一定时间，使根部水分适当减少后再种植，这样有利于根部伤口的愈合和再生新根，也可避免因水分过多根系易脆断造成大量损伤。

如果苗木的树种、苗龄相同而质量不同，苗木的栽植成活率和适应能力也有差别。通常情况下生长健壮，没有病虫害和机械损伤的苗木，移植成活率较高；生长过旺，枝叶徒长的苗木，因抗逆性差，反而不如生长一般的苗木容易成活和具有较强的适应性。

经过多次移植和断根的苗木，在出圃之前会形成紧密的根系，移植后的成活率较高。相反，一直没有移植过的实生苗，因主根发达、侧根和吸收根较少，移植后代谢平衡较难建立，不易成活。

在对树苗进行选择的时候，一定要注意上面所讲到的问题，并且要根据当时当地的实际情况，采取相应的技术措施，以便保证移植的成活率。

（一）起苗

起掘苗木的质量，直接影响树木栽植的成活和以后的绿化效果。起苗的质量虽与原苗木的质量有关，但是起掘操作也会影响起苗的质量。如果起掘操作不熟练，会使优质的苗木受到损伤，从而降低苗木的质量，甚至不能应用。起苗的质量还与土壤干湿、工具锋利程度有关。此外，起掘苗木还要考虑节约人工、包装材料、减轻运输等经济因素。具体操作时，应根据树种的特性来选择适当的起苗方法。

1.起苗方法及适用树种

（1）裸根起苗

此法适用处于休眠状态的落叶乔木、灌木和藤本。此法操作简便，可节省人力、运输及包装材料。裸根起苗的不足之处是会使须根受到损伤，掘起后至栽前，根部裸露容易失水干枯，根系恢复时间较长。

（2）带土球起苗

带土球苗分为营养袋苗和带土球起苗两种。营养袋苗（容器苗）的苗木从播种或扦插开始，就在营养袋中，由于苗木根系全部在营养袋中，将苗木连同营养袋起出可保存完整的根系，但要注意的是，运输和栽植的时候不能将土球碰碎，营养袋较大或育苗的营养土过于疏松的，起苗后须用绳子进行捆扎。如果碰碎土球，会降低其成活率。通常情况下小苗栽植和一部分大苗栽植使用营养袋苗。另一种带土球起苗，是将苗木的一定根系范围，连土掘削成球状，用蒲包、塑料薄膜、草席包或其他软材料包装起出。由于土球范围内的须根未受损伤，并带有部分原有适合生长的土壤，移植过程水分不易损失，对成活和恢复生长有利，所以其成活率较高。带土球起苗的不足之处是操作烦琐，费时费力，耗用大量包装材料，土球笨重，增加运输负担，所耗的投资大大高于裸根苗。所以凡用裸根苗栽植能够成活的，一般都不带土球起苗。用此法的常见树种有常绿树、生长季节移植落叶树、竹类等。

2.起苗前的准备工作

其一，选择苗木质量的好坏是影响成活的重要因素之一。为提高栽植成活率和日后的景观效果，移植前严格挑选苗木是非常有必要的。选苗时要考虑苗木规格、树形以及健康状态，尽量要选择根系发达、生长健壮、无病虫害、无机械损伤和树形端正的苗木，并用系绳、挂牌等方式，做出明显标记，以免掘错。同时应多选出一定株数的苗木备用。

其二，如果栽植苗木的土壤过于潮湿，要做好排水措施；相反，如果苗木生长地的土壤过于干燥，应提前数天灌水，以便于起掘时的操作。

其三，对于侧枝低矮的常绿树（如雪松、南洋杉等）和冠丛庞大的灌木，特别是带刺的灌木（如花椒、玫瑰等），为了方便操作，需要先将树冠用草绳松紧适度地捆拢，不要损伤枝条。拢冠的作业也可与选苗结合进行。

其四，准备好锋利的起掘苗木的工具。带土球掘苗，要准备好合适的蒲包、草绳、塑料布等包装材料。

其五，为保证苗木根系符合起苗要求的规格，尤其是对一些在情况不明之地生长的苗木，在正式起苗前，须试掘几株苗木，发现问题之后立即采取补救措施。掘苗的根系规格，裸根落叶灌木，根幅直径可按苗高的1/3左右起挖；带土球移植的常绿树，土球直径可按苗木胸径的6～10倍起挖。

3.裸根移植的手工起苗法及质量要求

顺着苗行方向，在规定的根系规格范围（为胸径的6～10倍）以外的适当之处，用起苗工具挖一条沟，并且在沟壁下侧挖出斜槽，在根系要求的深度将底根和侧根切断，将苗木取出。总而言之，必须保护大根完整并保留尽量多的须根，所以起苗时切忌用手硬拔苗木。此外，掘出的土壤宜于掘苗后，原土回填坑穴。

苗木挖完后应随即装车运走。如一时不能运走可在原地埋土假植，用湿土将根掩埋。如假植时间长，要注意保持土壤湿润。

4.带土球苗的手工起苗法及质量要求

（1）挖掘带土球苗木，总的要求是土球大小要符合规格，保证土球完好，外表平整光滑；形状要上大下小，类似于红星苹果；包装严密，草绳紧实不松脱，土球底部要严实不漏土。

（2）挖掘时以树干为中心，画一个正圆圈。通常情况下正圆圈要大于规定的范围，从而保证起出的土球符合规定大小。

（3）画定圆圈后，先将圆圈内的表土挖去一层，深度以不伤表层的根群为宜。

（4）顺着圆圈向下垂直挖掘宽约50厘米的沟，注意沟宽要上下一致，以便于操作。在挖掘的同时对土球进行修整，操作时千万不可踩、撞土球边沿，以免伤损土球。一直挖掘到规定的土球深度。

（5）土球四周修整完好以后，再慢慢由底圈向内掏挖泥土，称"掏底"。直径小于50厘米的土球，直接掏空底土，然后将土球抱到坑外包装；直径大于50厘米的土球，须保留些许底土支持土球，然后在坑内进行包装。

（6）为了加强包装材料的韧性，减少捆扎时引起脆裂和拉断，在打包之前先浸湿用来缠绕、捆包的草绳。

坑外打包法适用于直径在50厘米以下的土球。操作方法是，先将一个大小合适的蒲包浸湿摆在坑边，双手抱出土球，轻放于蒲包袋正中，然后用湿草绳以树干基部为起点纵向捆绕，将土球连同蒲包包装捆紧。

坑内打包法适用于土质疏松以及规格较大的土球。操作方法是，将两个大小合适的湿蒲包从一边剪开直至蒲包底部中心，用其中一个湿蒲包兜底，用另一个盖顶，用几道草绳将两个蒲包接合处捆住，达到固定蒲包的作用，然后用草绳纵向捆扎。

纵向捆扎法：先用浸湿的草绳在树干基部系紧并缠绕几圈固定，然后沿土球与垂直方向稍斜角（约30°）捆扎，在拉草绳的同时用木槌或砖石块敲打草绳，使草绳稍嵌入土，捆扎更加牢固。每道草绳间相隔8厘米左右，直至把整个土球捆完。

"单股单轴"指的是将直径小于40厘米的土球，用一道草绳捆一遍；"单股双轴"指的是将直径大于40厘米的土球，用一道草绳顺着同一方向捆两遍；"双股双轴"指的是将较大的土球，用草绳纵向捆完后，在树干基部收尾捆牢；"系腰绳"指的是将直径超过50厘米的土球，纵向系绳收尾后，为保护土球，在土球中部用草绳进行横向捆绑。操作方法是：另用一根草绳在土球中部紧密横绕几道，然后再上下用草绳呈斜向将纵、横向草绳串联系结起来，不使腰绳滑脱。

除此之外，如果土球是在坑内进行打包的，还要进行"封底"工作。操作方法是，先在坑的一边（计划推倒的方向）挖一条小沟，并系紧封底草绳，用蒲包插入草绳将土球底部露土之处盖严，然后将苗株朝挖沟方向推倒，用封底草绳与对面的纵向草绳交错捆绑牢固即可。

⑦ 土球封底后，须及时将土球挪到坑外等待运输，同时填平起苗坑。如土质较硬不易散坨者，也可不用蒲包。

（二）运苗与假植

影响种植成活的重要环节还包括苗木运输与假植的质量。实践操作表明"起苗、运输、栽植"一条工作线能够提高移栽的成活率。也就是说，从起掘苗木到栽植完毕整个的移栽过程应争取在最短时间内完成，这样可以减少根系在空气中暴露的时间，提高树木的移栽成活率。

1.装车前的检验

在运输苗木之前，应认真核对苗木的种类与品种、规格、质量等。

掘起待运苗木质量要求的最低标准见表5-1。

表5-1　苗木出圃质量标准

苗木种类	质量要求
常绿、落叶乔木	主干不得过于弯曲，无蛀干害虫。有明显主轴的树种应有中央领导枝。树冠茂密，各方向枝条分布均匀，无严重损伤和病虫害。有分布均匀、良好的须根系，根际无瘤肿及其他病害；带土球的苗木，土球必须结实，捆绑的草绳不松脱
常绿、落叶灌木	灌木有短主干，分布均匀。根际有分枝，无病虫害；须根良好，土球结实，草绳不松脱

2.裸根苗装运

第一，装运乔木时，应树根朝前，枝干向后，按顺序摆放。

第二，为了避免树根和树皮受到损伤，应在车厢里铺垫草袋、蒲包等物。

第三，树冠不得拖地，必要时要用绳子围拢吊起，枝干捆绳子部位先用蒲包包裹保护，以免勒伤树皮。

第四，装车要控制高度，树苗不要挤压太紧。

第五，装车完毕后，用帆布将树根盖严、捆好，以减少树根失水。

3.带土球苗装运

第一，如果苗木小于2米须竖立装运；大于2米须斜放或平放，土球朝前，枝干向后，并用木架将树冠架稳。

第二，土球直径大于20厘米的苗木只装一层，土球直径小于20厘米的苗木可以摆放2～3层。土球之间不要留有空隙，以防摇晃。

第三，土球上面不准站人或放置重物。

4.运输

运输途中押运人员和司机相互配合，随时对帆布进行检查，如果掀起应及时整平。短途运苗，中途不要休息。长途行车，必要时应洒水淋湿树根，休息时应选择阴凉处停车，避免风吹日晒。

5.卸车

卸车时要轻拿轻放，爱护苗木。带土球苗卸车时，须双手托土球将其轻轻放下，不能提拉树干；裸根苗卸车时，要按顺序拿放，不得乱抽，更不能整车推下。

较大的土球卸车时，可用一块结实的长木板，从车厢上斜放至地上，将土球推倒在木板上，使其顺势滑下，禁止滚动土球。

6.假植

运到现场后的苗木须尽快进行栽植，如无法及时栽植，要马上进行假植。

（1）裸根苗的假植

选择排水良好、背风雨、阴凉且不影响施工的地方，短期假植可将苗木在假植沟中成束排列；长期假植，可将苗木单株排列，然后把苗木的根系和茎的基部用湿润的土壤覆盖、踩紧，使土壤和根系之间无空隙。要随时保持土壤湿润，如果土壤干燥假植后应及时进行灌水，但要保证适量，过多过少都会影响苗木的正常生长。

（2）带土球苗木的假植

苗木运到工地以后，如1～2天内不能栽完，应选择不影响施工的地方，将苗木竖立排放整齐，四周培土，树冠之间用草绳围拢；若需较长时间，土球间隙也应填土。

水是促进树木生长的重要元素，要随时保证树木吸收充分的水分。在苗木假植期间，可根据气候等环境条件，给常绿苗木的叶面适当喷水。

（三）移栽树木的修剪

1.修剪的作用

在树木移栽过程中，修剪是必不可少的工作，主要包括对枝叶和根系的修剪。

（1）修剪可保持水分代谢的平衡

在移植树木的过程中，部分根系难免会受到损伤，对枝叶进行修剪有利于新枝苗木迅速成活和恢复生长。将部分枝叶剪去，能够减少水分蒸腾，保持地上部分和地下部分的水分代谢平衡。

（2）修剪可培养树形

边栽边剪，人为地引导树木的生长方向，使其与设计要求相符。

（3）修剪可减少伤害

通过修剪可剪除带病虫的枝条，减少病虫危害；通过修剪疏除一些枝条，可减轻树冠重量，防止植株倒伏。

2.修剪的原则和方法

修剪树木时，只有遵循其自然生长规律，才能保证其正常生长。

（1）乔木的修剪

凡具有明显中央领导干的树种，应尽量保护或保持中央领导枝的优势，常见的树种有尖叶杜英、木棉等。主干不明显的树种，应选择比较直立的枝条代替领导枝直立生长，但必须通过修剪控制与直立枝竞争的侧生枝，并应合理确定分枝高度，通常情况下第一条侧枝至地面的距离要求大于2.5米，常见的树种有榕树、红花羊蹄甲等。

（2）灌木的修剪

在短截修剪时，通常情况下树冠应保持外低内高，呈半圆形。在疏枝修剪时，要外密内稀，以达到通风透光的作用。对根系发达的丛生树种的修剪，应多疏剪老枝，促进其不断更新，旺盛生长。

3.修剪的要求

第一，小苗、灌木适合在栽后修剪，高大乔木适合在栽植前修剪。

第二，落叶乔木疏枝时剪口应与基枝平齐，不留残桩；丛生灌木疏枝应与地面平齐。

第三，在叶芽上方0.3～0.5厘米处短截枝条，其剪口应稍斜向背芽的一面。

第四，修剪时应先将枯枝、病虫枝、树皮劈裂枝剪去。对过长的徒长枝应加以控制。须将防腐剂涂抹在较大的剪口、锯口上。

第五，正确使用枝剪的方法是，上、下剪口垂直用力，不可左右扭动剪刀，否则会使剪口受到损伤。用手锯锯断粗大枝条，然后将锯口修平。

第二节 种植工程的施工

一、整地

在园林绿化建设中，绿地具有非常重要的地位，直接决定着绿化建设的成败。植物的生长离不开土壤，土壤是植物最基本的生活环境，良好的苗木必须有适合生长的立地条件。绿化施工前对绿化种植区进行整地，能够有效改善种植地的物理性质；疏松土壤，能使土壤的透气性有所增加，加快土壤中有机物的分解，提高土壤保水抗旱的能力，与此同时，还能起到铲除杂草、减少病虫害侵袭的作用。通常情况下，应在植树前三个月以上的时期进行整地，最好是整好地后经过一个雨季。清理障碍物和平整土面也是整地工作的一部分。整地的深度根据种植设计和植物生长特性而定，见表5-2。

在整地时需要注意的问题是，有些特殊场地要进行特殊清理，如强酸土、强碱土、重黏土、沙土等，应根据设计规定采取相应的技术措施，如客土填充或改良土壤。除此之外，应在低湿地挖排水沟，降低下水位等。

表5-2　不同绿化材料整地深度

绿化材料		整地深度
花卉	一至二年生草本花卉	耕深 20 ~ 30 厘米
	球、宿根花卉	耕深 30 ~ 40 厘米
花灌木及乔木（按其生物学特性及技术要求，挖坑或抽槽）	小灌木	挖坑 30 × 40 厘米
	大灌木	挖坑 40 × 50 厘米
	浅根乔木	挖坑 60 × 70 厘米
	深根乔木	挖坑 100 × 120 厘米

二、定点、放线

（一）行道树的定点、放线

行道树指的是道路两侧成行列式栽植的树木。通常情况下要求行道树栽植位置准确，株行距相等。在已有道路旁定点，以路牙为依据，然后用皮尺、钢尺或测绳定出行位，再按设计定株距，然后用白灰点标出单株位置。

因为道路绿化密切联系着市政、交通、沿途单位与居民的日常生活，需要在和规划设计部门的配合协商之后确定植树的位置，并且定点后还应请设计人员验点。

（二）公园绿地的定点、放线

在公园绿地中，孤植和群植是树木常用的两种自然式配植方式。孤植一般指的是在设计图上标出单株的位置。而群植指的是在设计图上只标出植株的范围，并不标出植株的具体位置。其定点、放线方法有以下三种：

1.平板仪定点

有较大范围和准确测量基点的绿地比较适用此种方法。即依据基点，将单株位置及片植的范围线，按设计图纸依次定出。

2.网格法定点

有较大范围且地势平坦的绿地适用此种方法。在设计图上和现场分别按比例画出等距离的方格，通常情况下采用20米×20米的标准，然后按照设计图上的树位与方格的关系用皮尺定位。

3.交会法定点

范围较小、现场建筑物的分布与设计图上一致的绿地适用此种方法。以建筑物的两个特征点为依据，根据图上设计的植株与两点的距离相交会将植树位置确定下来。

无论用上述哪一种方法，定点后必须做明确标志。孤植树可钉木桩，写明树种、挖穴规格、穴号标记；用白灰线划出范围，将木桩钉在线内，写明树种、数量、穴号，然后目测确定单株小点，并用灰点标明。目测定点时要注意以下几个问题：

第一，树种、数量要与设计图相符。

第二，如果树丛内的树种超过两个，适宜将树种的层次修整成中心高边缘低或呈由高渐低的倾斜的林冠线。

第三，布局注意自然，避免呆板，不宜用机械的几何图形或直线。

三、挖种植穴

种植穴的质量直接影响着植株之后的生长发育。根据设计图将位置确定下来之后，穴径的大小要根据根系或土球大小、土质情况来确定，通常情况下穴径比根系或土球的直径大20～30厘米，穴径须上下保持一致，深度应比根系或土球深约20厘米。

（一）挖穴的方法

1.手工操作

锄或锹、十字镐等是主要的操作工具。具体操作方法：以定点标记为圆心、以规定的穴径为直径在地上画圈，沿圆圈的边缘向下垂直挖掘到规定的深度，然后挖松和整平穴底，将露根苗木栽入穴底。为了便于舒展树根，挖松后最好在中央堆个小土丘。种植穴挖妥后，仍将定点用的木桩放在其中，以备植苗时核对。

2.机械操作

挖穴机是主要的工具。操作时需要注意的问题是，必须要将轴心和定点位置对准，挖至规定深度，整平坑底，必要时可加以人工辅助修整。

（二）挖穴要点

其一，位置准确，规格符合要求；在种植穴旁边堆放挖出的表土与底土。因表层土壤有机质含量较高，植树填土时，表层土壤填于植穴下部，底土填于上部和做培树盘土墩用。

其二，在斜坡上挖穴时，须将斜坡整平后再挖穴。植穴的深度以坡的下沿处计算；在新填土方处完成挖穴之后，须踩实植穴的底部。

其三，如果植树地点的土质较差，须将植穴扩大，并及时筛出清走杂物；遇石灰渣、炉渣、沥青、混凝土等对树木生长不利的物质，应将植穴直径加大 1 ~ 2 倍，并将有害物清运干净，换上好土。

其四，如果在植树过程中，发现管道、电缆等障碍物，须立即停止操作，及时找有关部门配合解决。

其五，如果栽植株距比较近，如绿篱，可以用挖沟槽的方法进行栽植。

四、栽植

（一）配苗

配苗指的是按定点木桩分配苗木，将苗木放置于定植穴边。配苗时需要注意以下几个问题：

第一，要爱护苗木，轻拿轻放，不得损伤树根、树皮、枝干或土球。

第二，配苗与栽植要相互配合，速度要保持一致，争取配苗与栽植同时完成，尽量减少根系暴露的时间。

第三，假植沟内剩余的苗木露出的根系，应随时用土填埋。

第四，须事先测量好用作行道树、绿篱的苗木的高度，将苗木进一步分级后再进行配苗，以保证邻近苗木规格基本相同。

第五，栽植常绿树时，需要注意保证树的主要观赏面是树形最好的一面。

第六，对有特殊要求的苗木，应按规定对号入座，避免错植、重植。

配苗后，须立即与设计图纸样核对植树的准确位置，如有错误应及时更正。

（二）栽植

苗木放入种植穴内，扶直、分层填土、提苗至适合高度、踩实固定的过程，称为栽植。

1.栽植的操作方法

（1）裸根乔木的栽植法

此法需要在两个人的配合下共同完成，一人在穴中放入树苗并将其扶直，另一人向穴中填入表土，至一半时，轻轻提起苗木，使根茎部位与地表相平，使根自然向下呈舒展状态，然后将土壤踩实，或用木棒夯实，继续填土，直到高出穴边为止，再用力踩实或夯实，最后在坑的边缘用土将灌水堰做好。

（2）带土球苗的栽植法

栽植土球苗，首先要保证种植穴的深度与土球高度保持一致，如高度不一，须及时进行调整直至高度一致，绝不可盲目放入种植穴，导致来回搬动土球。土球入穴后应先在土球底部四周垫少量土，将土球固定，保证树干直立，然后剪开并取出包装材料。向穴中填入表土，填至一半时，用木棍于穴四周夯实，再继续用土填满穴并夯实，最后开堰。夯实过程中切忌将土球砸碎。

2.栽植注意事项和要求

第一，平面位置与高度一定要与设计相符。

第二，保证树身上下垂直。如果有弯曲的树干，其弯向应朝着当地主风向。

第三，要根据不同树种确定栽植深度：灌木应与根茎齐；裸根乔木苗，应比根茎深5～10厘米；带土球苗木应比土球顶部深2～3厘米。

第四，行列式植树应事先将"标杆树"的位置确定好，确定"标杆树"的方法是先栽好1株，每隔20株左右再栽1株，然后以这些标杆树为瞄准依据，进行定植。行列式栽植需要注意的问题是，一定要保证树木排列整齐，左右相差小于或等于树干的1/2。

第五，灌水堰筑完后，解开并取下捆拢树冠的草绳，使枝条舒展。

第三节　绿化施工技术

一、乔灌木栽植施工技术

（一）起苗与包扎

1.起苗

通常情况下包括裸根起苗和带土球起苗。裸根起苗的优点是操作简单，省时省力，运输方便；不足之处是成活率没有土球高。带土球起苗的优点是能增加苗木的成活率。

（1）裸根起苗

适用于休眠期的大多数落叶树和容易成活的针叶树小苗。起苗时，根据苗木根系大小和深浅，在苗木一侧挖沟槽，以便进行断根。先将主根切断，再将侧根切断，切根时尽可能把须根保留下来，因为须根能够带土，须根越多，带土越多，成活率就越高，切根后将苗木取出。裸根起苗尽可能保证根系完整，并随根带少量原土。运输时要特别注意保护须根，避免其受到损伤，如果需要可用稻草等材料对裸根进行包扎。

（2）带土球起苗

因带土球法移植施工费用高，所以在裸根起苗能够成活的情况下，尽可能不用带土球法移植。但有些树种必须带土球起苗，如大树、珍稀古树等。一些根系不发达或须根较少、发根能力弱的针叶树和多数常绿阔叶树，也要用此法。这种方法的优点是栽植成活率高。树木体量大小决定了土球的规格大小。移植时，通常情况下土球直径是植株冠幅的2倍，或者是胸径的10倍，土球宽度可以比高度略大。如果个别树种成活较难，要适当加大土球。起苗前先用草绳将树冠束起（拢冠）。对少数珍稀大苗，还应用草绳或稻草把根茎以上的主干包扎好，避免损伤树干。计算好土球直径之后再进行起苗，取出地表土后，沿圈壁外围垂直下挖，挖到规定深度时，朝内斜挖，斩断主根，将土球底部削成弧形，使土球为扁圆形。为了避免出现土球破裂的情况，需要提前用草绳将土质疏松的土球的上半部围紧，而后再往下挖。通常情况下带土球小苗不用包扎，但拿放时也要注意不要散球，大苗木要进行单独包扎。

2.包扎

用草绳捆绑、包扎苗木树身，有利于运输和提高成活率。注意包扎得不要过紧，以免损伤枝条。

带土球的苗木，一般土球直径超过30厘米的都要进行包扎。需要坑外包扎的情况是，土球直径小于40厘米且土球坚实。具体做法是：在坑边铺好草帘或蒲包后，人工托底捧出土球，轻放到草帘或蒲包上，包紧后用草绳捆紧。需要坑内包扎的情况是，如果土球直径大于40厘米，或者小于40厘米但土球松散时。具体做法是：用铁锹把苗木土球修整好后，用规格10～15厘米的草绳一头固定在茎干，两个人合作从上向下依次纵向缠绕土球，并收紧。需要注意的是，必须兜好、勒紧、码齐底部的草绳，最后将绳头固定在茎干或压在绳下，每道草绳间隔要小。

3.注意事项

原则上苗木的休眠期（春季苗木萌芽前）即为起苗的季节。我国南方地区，也可在空气湿度较大的秋后或梅雨季节进行。晴天适宜起苗，阴雨天起苗带土球较为困难。大树移栽起苗尤为关键，要有技术人员制定移栽技术规程和注意事项，明确责任和分工，相互配合，使移栽工作能够有序进行。

（二）吊装与运输

苗木装运之前，须认真核对树种、规格、质量、数量，及时处理出现的问题。在运输过程中，不论是人工运输还是机械运输，都要注意轻拿轻放，不得损伤苗木或造成散球。

在运输裸根苗时，无须做太多保护工作，只须在根与根之间加些如湿稻草、湿麦秸等湿润物，保护树梢和树干即可。裸根苗长距离（运输时间1天以上）运输时，可用聚乙烯袋将裸根苗根部套住，避免苗根因失水过多而使成活率和苗根再生能力有所降低。另外，应按顺序码放整齐（最多叠放三层），将苗木根向下、树梢向上斜放（灌木可直立装车）。将湿润草包或蒲包垫在后车厢板处。避免树干因与车体摩擦而受到损伤。当苗木的重量稍大，达到约50千克时，用绳索将树干一起捆牢。为了方便透气，可以绑得松一些，并用蒲包或成把的稻草垫在绳索和树干之间，以免勒伤树皮。

带土球苗木装车时，土球大的或苗木高度大于2米的要求斜放，土球向前，树干朝后；土球小的或苗木高度小于2米的可直立码放。同时，土球要垫牢、挤严、放稳，其他要求与裸根苗运输方法相同。运输过程中需要注意的问题是不得散球。

苗木的运输要迅速、及时。避免大风天运苗，最好在无风阴天运苗，以降低蒸腾、提高苗木成活率。平稳的运输会减轻苗木的损伤度。如果运输距离较长，须中途在树荫下停车给苗木喷水。

苗木运到目的地卸车时，要按顺序轻拿轻放。裸根苗要顺拿，不可乱抽；带土球苗，需要双手抱住土球将其拿下。大土球用吊车下苗，要托稳土球，轻吊轻放，保证土球的完整性。

（三）假植

假植指的是用湿润的土壤对苗木的根系做暂时的埋植处理。苗木假植一般包括两种，即临时假植和越冬假植。通常情况下绿化用苗为临时假植。苗木运到现场后须马上进行栽植。苗木如不能及时栽植，或栽植后有剩余苗木时，必须设法将苗木进行假植，避免苗木因失水干枯而导致死亡。背阴、排水良好、背风以及土壤疏松是假植的最佳地理位置。

1.裸根苗木假植

采取挖沟假植方法。先挖深40～60厘米的浅沟，苗木的规格决定了沟的宽度，苗木的多少则决定了沟的长度。将苗木散捆，一棵棵紧挨着排列在沟内，使苗向背风方向倾斜（一般苗枝梢朝南或朝西，呈30°角倾斜栽入），将苗木埋入潮湿的土壤中后用脚踩实，使根与湿土紧密接触。堆土厚度以土全部覆盖根系和苗茎下部后，再培土2～3厘米为宜。根盘扩张的大苗或侧根坚硬的树苗，可以直立假植。

2.带土球苗木假植

收缩捆扎苗木的树冠，保证土球与土球紧挨、树冠与树冠紧靠，用土将土球间的缝隙填满，再对树冠及土球均匀喷水，保持水分；或者将苗木临时栽植到空地中，将土球埋入1/3～1/2深，假植时间的长短决定了株距的大小，通常情况下株距为15～30厘米。

3.注意事项

苗木假植后，应立即浇水，保持树根湿润。之后，应注意经常浇水、看管。假植区如果土壤过于泥泞，会影响根系的生长；如果根系的覆土中夹有易发热的物质，如杂草或落叶，会导致根系受热发霉，苗木的生命力也会受到影响。覆土厚度要适当，不宜太厚或太薄。太厚费工且容易受热，导致根发霉腐烂；太薄则起不到保水、保温的作用。栽植时边起苗边假植，以减少根系在空气中的裸露时间，这样可以将根系中的水分以最大限度保存下来，使苗木栽植的成活率有所提高。做好苗木的防护工作，如在阳光强烈的季节，应设置遮阳网，减弱光照。另外，假植时要标明树种、等级、数量，为之后提取栽植苗木和统计数据提供方便。

（四）种植前的修剪

种植前需要修剪苗木根系、树冠以及剪除劈裂根、病虫根、过长根。对树冠进行修剪，可以达到保持树木地下、地上两部分的水分代谢平衡的目的。树冠大小、根部秃裸程度、伤根多少和生根难易等情况决定了修剪强度的强弱。

1.乔木类修剪

乔木类修剪的方法见表5-3所示。

2.灌木类修剪

灌木类修剪的方法见表5-4所示。

3.藤蔓类修剪

可将攀缘类和蔓性苗木中过长部分剪除掉。攀缘上架苗木可将交错枝、横向生长枝剪除。

4.修剪质量要求

第一，剪口平滑，不得劈裂。

第二，枝条短截时应将外芽留住，剪口应距离芽位置以上1～2厘米。

第三，无论重剪、轻剪，皆应考虑到树形的框架以及保留枝的错落有致。

第四，剪口越小越有利于苗木的生长，剪口直径超过2厘米时，大枝及粗根要做防护，可用塑料薄膜、凡士林、石蜡或植物专用伤口防腐剂涂抹、包封。

表5-3　乔木类修剪方法

类　　别		修剪方法
有明显主干的高大落叶乔木		保持原有树形，适当疏枝。对保留的主枝、侧枝，应在健壮芽上短截，可剪去枝条的1/5～1/3。对生长较快、树冠恢复容易的可去冠重剪
无明显主干、枝条茂密的落叶乔木	干径10厘米以上树木	疏枝保持原树形
	干径5～10厘米的做木	选留主干上的几个侧枝，保持原有树形进行短截

（续表）

类 别		修剪方法
枝条茂密具圆头形树冠的常绿阔叶乔木	枝叶集生树干顶部的苗木	适量疏枝或不剪
	具轮生侧枝的常绿阔叶乔木尤其是做行道树时	适量疏枝，可剪除基部 2 ~ 3 层轮生侧枝
常绿乔木		应尽量保持树冠完整，只适当修剪一些顶下死枝、生长衰弱枝、过密的轮生枝和下垂枝
用作行道树的乔木		定干高度宜大于 28 米，第一枝点以下枝条应全部剪除，以上枝条酌情疏剪或短截，并应保持树冠原型
珍贵树种		树冠应少量疏剪

表5-4 灌木类修剪方法

类 别	修剪方法
带土球苗木 带宿土裸根苗木 上年花芽分化的开花灌木	不宜做修剪，只剪除枯枝、病虫枝即可
枝条茂密的大灌木	可适量疏枝
嫁接灌木	应将接口以下砧木萌生枝条剪除
分枝明显、新枝着生花芽的小灌木	应顺其树势适当强剪，促生新枝、更新老枝
用作绿篱的乔木、灌木	可在种植后按设计要求整形修剪
苗圃培育成形的绿篱	种植后应加以整除

（五）栽植

栽植的季节要根据树木的生长习性和本地的气候条件来确定，无风、无日头的天气最适宜栽植。不同的绿化形式栽植的要求不一样。行道树和绿篱栽植前，须按苗木大小和高矮顺序配置，以保持苗木定植后整齐，大小一致；行道树或者相邻同种苗木的高度要尽可能一致。根据定点放线位置栽植苗木，边配边栽。保证主要观赏面是树形最好的一面。对再生能力弱、树皮薄、树干外露的孤植树，最好按原生长面定植，避免日灼，以提高成活率。如果需要，栽植前对树穴进行消毒杀菌，用50%克百威颗粒按0.1%比例拌土杀虫，用50%多菌灵粉剂或50%甲基托布津按相同比例拌土杀菌。

1.裸根苗的栽植

两个人配合工作，一人扶树，一人填土。保证树身垂直，切忌歪斜。"埋""踩""提"是栽植的要领。具体操作是：先将表土填入穴底，填至一半时，轻轻提苗，保证苗根自然垂直，土壤与根系之间无缝隙；然后边埋边提2～3次，最后将苗木提到适合的深度；穴填满后，再踩实1次，最后盖上一层松土，与根茎土痕相平即可。

2.带土球苗的栽植

先将已挖树穴的深度和宽度测量好，确保与土球一致。通常情况下，土球的直径要比树穴的直径小30～40厘米，土球的高度要比树穴的深度小20～30厘米。穴的大小上下要一致，切忌上口大下口小。可以适当调整树穴的规格，然后再将树苗放入穴中。移动土球时要抱住土球，不要提干，防止散球。放土球时，先在土球四周下部垫少量表土，固定土球，直立树体，然后将包装材料剪开，并将其取出（如果是少量腐烂的稻草就不一定要解除），接着填入表土，填至一半时夯实土球的四周，但需要注意的是不得砸土球外环，否则土球会被砸散。填满后夯实，最后做好灌水围堰。

3.回填土注意事项

先填地表土，再填地下土。要及时换掉土质差、土壤理化性质不适合的土。土壤原来的pH值及其代换量决定了加入酸、碱物质或肥料的数量。土壤pH值也会因为酸性或碱性肥料而发生改变。一些植物对土壤的酸碱度（pH值）要求不严，在一般弱酸性至弱碱性土壤上均可栽培。

（六）栽后管理

1.浇水

苗木定植后，须马上浇水。水分充足才有助于根系与土壤密接，提高苗木的成活率。为了避免表土被水冲走，可将水浇在事先放好的草帘片上。浇第一遍水之后，应及时填土修补跑水、漏水的地方。通常情况下，第二遍水要与第一遍水相隔2～3天，并修正围堰；5～10天后浇第三遍水，之后两三天及时中耕，并可将围堰填成稍高于原地面的土堆，以利于护根、防风、保墒。待树木发芽后，可以每隔1～2天喷水一次，使新芽的生长速度有所提高。新梢容易遭受蚂蚁危害，天气干旱时应注意观察，以便及时喷药防治。要经常锄草松土。在施肥方面，化肥、厩肥，沟施或穴施均可。

2.立支架

对大规格苗木，为防浇水后被风吹倒，应立支柱。支柱方式有单柱直立、单柱斜立、三角支架等。单柱直立，支柱立于上风向；单柱斜立，支柱立于下风向；苗木较大易倒的，应立三角支架。如果绿篱是由较小的苗木制作而成，需要设立栅栏加以保护。种植苗木的同时可埋入支柱。为了避免树皮受到磨伤，应用草垫或其他保护材料隔开树干和支柱接触部位。

3.核对

苗木配置完后，应按设计图纸进行核对，以免有误。

二、花坛、花境施工技术

花坛指绿地中应用花卉布置精细、美观图案的一种形式，其特点是有规则性、群体性，讲究图案（色块）效果。常用的植物材料包括一、二年生花卉，部分球根花卉和其他温室育苗的草本花卉类，要配合选用花卉的花期、花色、株形等布置花坛。一般根据花坛的观赏特点与形式来分，平面花坛（盛花花坛、模纹花坛）、立体花坛、斜面花坛等是比较常见的。花卉群体的色彩美是盛花花坛所要表现的效果，一般在一个时期内呈现繁花似锦的景象；模纹花坛主要表现植物群体形成的华丽纹样，图案纹样精美细致，可供较长时间观赏；立体花坛主要是以抽象或具体的立体形态展现一种主体，一般节日里多运用立体花坛；斜面花坛一般是依附于建筑或绿篱等背景面形成单面的观赏景观。不同的花坛有不同的视觉效果和应用价值。

花境指绿地中树坛、草坪、道路、建筑等边缘花卉带状布置形式，其目的是给绿地增添更多的彩色元素。宿根花卉是花境中主要的植物，自然式是主要的布置形式。花境的特点是具有季相变化，讲究纵向图案（景观）效果。从观赏角度，花境可以分为单面花境和双面花境两种。花境与花坛不同，花境比较自然化，没有太多的人工雕饰，更多的是自然之美。

总的来说，花坛、花境的施工包括种植床的整理、定点放线、砌筑边缘石、花坛栽植等几道工序。

（一）种植床的整理

种植床的整理指的是在已完成的边缘石圈子内，进行翻土作业。在翻土的同时挑选、清理杂物，及时换掉劣质土壤，施入基肥。应在中央填入稍高一点的土，周边可填少量的土。单面观赏的，前边填土应低些，后边填土应高些。土面应做成坡度为5～10°的坡面。在周边位置，土面高度应填至周边石顶面以下2～3厘米处；在一段时间的自然沉降之后，土面会降至周边石顶面以下7～10厘米处，这就是边缘土面的合适高度。通常情况下，土面可以填成弧形面或浅锥形面，如果是单面观赏的土面，其上面则要填成平坦土面或是向前倾斜的直坡面。填土达到要求后，要把土面的土粒整细、耙平，以备栽种花卉植物。

整理好种植床之后，要重新固定中心桩，作为图案放样的基准点。

（二）定点放线

在确定花坛、花境的形状之后，还要将内部的图案形状确定下来。

花坛的定点放线指的是根据设计图和地面坐标，用测量仪器把花坛群中主花坛中心点坐标测设在地面上，再测设纵横中轴线上其他中心点的坐标，将各中心点连线即在地面上放出花坛群的纵横轴线。用这种方法可将各处个体花坛的中心点测量出来，之后把各处个体花坛的边线放到地面上即可。按照设计图中花坛图案和纹样，将花卉放到花坛的指定位置。放线时，把花坛表面等分的具体方法是：从花坛中心桩牵出几条细线，分别拉到花坛边缘各处，用量角器确定各线之间的角度，由此将花坛表面等分成若干份。根据划分过的等分线，可以很容易地将花坛面上对称和重复的图案纹样摆放出来。

对于立体花坛除了上述定点放线以外，还要制作造型骨架，一般用木、砖、钢筋等材料制成。花坛的审美效果取决于骨架的扎制，因此要根据设计和承重技术认真完成扎制工作。扎制完成后用窗纱网或尼龙线网裹覆固定，外面包以泥土，并用蒲包或草将泥固定。

与花坛的定点放线相比，花境的定点放线要容易很多，因为纹路、曲线都不必过于准确，只是将花境的轮廓以及内部各材料的种植范围区划出即可。

（三）砌筑边缘石

在定点放线之后，须在原有的种植边线挖出边缘石基槽。基槽的开挖宽度应比边缘石基础宽约10厘米，深度12～20厘米。槽底土面要整平、夯实；加固松软处，避免出现不均匀沉降的问题。在砌筑基础之前，为了利于基础施工找平，槽底应放一个厚3～5厘米的粗砂垫层。

通常情况下，边缘石是用砖砌筑的高15～45厘米的矮墙，用1：2水泥砂浆或M2.5混合砂浆砌筑标准砖做边缘石的基础和墙体。矮墙砌筑好之后，回填泥土将基础埋上，并夯实泥土；再用水泥和粗砂配成1：2.5的水泥砂浆，将水泥砂浆抹在边缘石墙面上，抹平即可，不要抹光。完成上述施工之后，根据设计进行贴面装饰，一般用磨制花岗石石片、釉面墙地砖等，其他饰面的方法还有色彩水磨石、干黏石米等。有些花坛边缘还可能设计有金属矮栏花饰，应在边缘石饰面之前安装好。用水泥砂浆浇注固定已埋入边缘石的矮的柱脚。待矮栏花饰安装好后，再进行边缘石的饰面工序。

在施工过程中需要注意的问题是，在花境边界处或边缘石下和各种花材种植区边缘挖沟，埋入石头、瓦砾或金属片等，避免某些分蘖强的根蹿出，如果出现此种情况，会给其他植物生长和发育造成不良影响，同时也会影响观赏效果。

（四）花坛栽植

1.选苗

选苗时同种花苗的大小、高矮应尽可能保持一致，不宜选择过于弱小或过于高大的植物。花境中植物的选择可按照设计来定。

2.栽植时间

春、夏、秋三季均是花卉栽植的时间。夏季的最佳栽种时间是上午11时之前或下午4时之后，强日照射、大雨天、大风天等恶劣天气都不宜进行栽植。花苗运到后应及时栽种，越快越好。

3.栽植顺序

通常情况下栽植的顺序是先中间后周边，将中部图案纹样栽完后，再逐渐向四周扩展栽种。单面观赏的，栽植时，要从后边栽起，逐步向前栽种。若是模纹花坛或标题式花坛，则应在栽完模纹、图案之后，再栽衬底植物。立体花坛应在做好立体花坛的基础之上再栽植平面衬底花坛，栽植原则是从上到下、从内到外。

4.株行距

植株的大小决定了花苗的株行距，最佳的株行距是成苗后无裸露地面的部分。植株小的株行距为15厘米×15厘米，植株中等大小的株行距为20厘米×20厘米～40厘米×40厘米，植株较大的株行距为50厘米×50厘米。草坪或地被植物，可以进行密集栽种，无须考虑株行距。

5.栽植深度

栽植深度也就是原深度，块根、块茎、根茎类栽植深度为3厘米，球茎花卉种植深度为球茎的1～2倍。栽植的过程中要尽量不损害植株与根系。如果没有特殊要求，同一模纹图案应高低一致；若植株高矮不齐，应以矮株为准，把较高的植株栽得深一些，以保持顶面整齐。立体花坛则须在栽植前制作好模型架子，然后根据模型架按位置栽植，方法同上。

三、草坪与地被植物的种植施工技术

（一）常见园林草坪类型

1.庭院草坪

庭院草坪一般为园林景观的背景，也可在其中种植一些多年生和观花地被植物。如在草坪上自然地种植蒽尾、萱草等地被。这些宿根花卉的种植面积一般不超过草坪总面积的1/3。此种草坪的特点是花、草分布有疏有密，自然交错，有很强的观赏性，有一定厚度与立体感。有的庭院不完全用草坪草，以一些地被植物代替，如白车轴草、酢浆草、常春藤等。

2.运动草坪

运动草坪是给竞技和体育活动提供场所的草坪，常见的运动草坪包括足球、高尔夫球、橄榄球草坪及儿童游戏活动草坪等。不同的体育活动使用的草坪也不同，如高尔夫球等比较特殊的运动，对草坪的要求也比较特殊，需要高度均一的单一草坪作为球盘和发球台，而一般的运动场草坪是多种草坪草组成的混播草地，要求具有耐频繁刈剪、根系发达、再生能力强的特点。

3.观赏草坪

观赏草坪也叫装饰性草坪或造型草坪，观赏性很强，面积也比较小，通常设置在园林绿地中。如雕像喷泉、建筑纪念物等处用作装饰和陪衬的草坪，用草坪草、草坪地被和花卉等材料构成的图案、标牌等。低矮、茎叶密集、平整、绿期长的草种或地被更适合用于观赏草坪。此类草坪管理严格，禁止踏入。

4.水保草坪

水保草坪的位置一般在坡地和水岸地，如公路边、水库、堤岸、陡坡等处，用以防止水土流失。此种草坪的草种要具有适应性强、根系发达、草丛繁茂、抗性强、覆盖地面力强的特点，常见的草种有结缕草、假俭草等。

（二）草种选择

草种的好坏直接影响着草坪的质量。如果采用符合应用、适应性强、管理粗放的草种，管理起来也很省时省力；如果盲目铺草，不仅不利于管理，还会造成巨大浪费。

1.符合应用类型

根据草坪类型选择符合其应用特点的草种，才能起到事半功倍的效果。庭院草坪、观赏草坪要求草种或地被具有色彩柔和、叶细、低矮、平整和美观的特点，如白车轴草、马尼拉草、酢浆草、常春藤等。运动草坪则要求草种具有耐修剪、耐践踏、根系发达、再生能力强、恢复迅速的特点，如细叶剪股颖、中华结缕草、狗牙根、黑麦草等。堤岸护坡要求草种具有耐湿、耐旱、覆盖能力强、根系发达的特点，如狗牙根、假俭草等。

2.适应性强

有较强的适应性是所选用的草种必须具备的条件。气候不同对草种的要求也不同。在气温较低的北方，适合种植绿色期长的冷季型草种；在气温较高的南方，适合种植耐炎热、耐湿、抗病、冬季枯萎期短或不枯萎的草种；在干旱少水的西北，适合种植耐炎热、耐寒、抗旱、耐瘠薄、生长迅速的草种。

3.耐管理

要尽量种植无须精细管理便可获得良好效果的草种，因为维护粗放草坪需要很大的投资，如果经济力量薄弱养护跟不上，草坪不久就会死亡。常见的耐管理的草种有细叶结缕草、马尼拉草、假俭草等。

（三）整地

整地指的是按规划的地形对坪床进行平整的过程。在开始进行各项施工之前，要对表土层的厚度进行认真的测定，然后把表土移到事先设计好的储存场地。整地包括粗整、细整和土壤准备三部分。

1.粗整

粗整指的是表土移出后按设计营造地形的整地工作。

要根据设计的高度来营造地形，每相隔一定距离定点用木桩做一个标记。将松软的地方用土填满，注意填土的高度不能低于之前设计的高度。用细质土壤填充时，大约要高出15%；用粗质土时可低些。如果填土量比较大，需要每填30厘米镇压1次。

适宜的地表排水坡度大约是20°。适当的坡度有利于排水，因此，即使平地也要设置一定坡度。在庭院草坪设计中，将坡度的方向背向房屋，从而避免水渗入地下室的情况发生。为了使地表水顺利排出场地中心，应设计成中间高、四周低的地形。高尔夫球场的果岭草坪、开球区以及球道草坪，也应多个方向倾斜于障碍区。

形成地形之后要进行回填表土的工作，通常情况下覆土的厚度要超过15厘米。在亚表层土壤的质地和结构与表土相差很大的地方，可以把5厘米的表土与亚表层土壤混合，这样可达到表土向亚表层土壤逐渐过渡的效果。而且由亚表层土壤板结状况和减少表底土界面突然过渡所引起的诸多问题也能得到改善。

2.细整

细整指的是为播种进一步整平坪床，同时也可拌匀施入的肥料。可用机具细整种植面积较大的草坪；一些大型机具无法工作的种植面积比较小的地方，可人工用铁耙整地。

在细整之前，要让土壤充分结实，以免机械破坏土壤表面，使表面高低不平，会给将来的管护带来麻烦。使土壤快速结实的常用方法是加大灌水量。除此之外，结实的土壤表面也可通过镇压而形成。由于土壤结实的情况不同，某些地方也会出现高低不平，为了使地面平整、均匀一致，在种植前必须进一步整平。细整一般是在播种之前进行，否则土壤表面会因为时间太长而结壳，所以在种植过程中一直需要细整。

3.土壤准备

种植草坪，应该选择疏松、肥沃的土壤。草坪植物根系分布的深度一般在20～30厘米范围内，对出现问题的土壤须撒施基肥，为草坪提供良好的生长和发育环境。通常情况下每亩施腐熟农家肥2 500 ~ 3 000千克。在撒匀粉碎过的肥料后，再覆土20 ~ 50厘米，这样有利于提高土壤肥力，促进草坪出苗。将肥料和农药合理配合，均匀地撒施在土地中，能够起到防治地下害虫、保护草根的作用。完成以上工作后，再按设计标高，将地面整平。

（四）种植施工

1.播种法

（1）播种时间

通常情况下，春季、夏季、秋季三季均可进行播种，但各自都有优缺点。春季天气干燥，土壤湿度低，气温低，不利于草籽发芽，且野草也会与之混生，管理起来费时费力。夏季气温比较高，是草籽发芽的好时期，草籽出芽后，还有一段生长时间，第二年初春就能快速生长并将地面铺满，可以和野草竞相生长，然后在短时间内迅速长成草坪。如果在雨季，高温多雨，虽有利于草籽发芽，但遇暴雨会冲刷草籽，造成出苗不匀的现象。秋季施工，如果在9月中旬之后才开始，因为没有足够长的生长期来保证顺利越冬，第二年的生长发育会受到不良影响。草坪在冬季越冬有困难的地区，只能采用春播。由于各地气候条件不同，应根据本地的实际情况选择最适宜的播种时间。

（2）播种方法

播种方法包括条播和撒播。

条播指的是在整好的场地上挖一个沟，沟深5 ~ 10厘米，沟间距15厘米，用等量沙子与种子拌匀，之后均匀撒入沟内。条播对播种后的管理很有好处。

撒播可及早达到草坪均匀的目的，故一般多采用撒播。撒播前若土壤过干要先洒水，以水渗入地下10厘米为度，在整好的地上均匀地撒入与沙等量混匀的种沙，之后将一层薄薄的土盖在上面或用平耙轻轻耙平。

播种机是比较常用的工具。人工播种机的操作方法是：第一步，在布袋里装入草籽；第二步，左手推开挡位（挡位越高缝隙越大）；第三步，用右手操作将草籽撒出；第四步，播后用铁耙推平、压平。

（3）播后管理

完成播种后要马上细密、均匀地喷水。喷水时注意要保证水自上而下慢慢浸透地面。第一、第二次喷水量不宜太大，以喷湿为原则。雨季或空气湿度大时，少喷。喷水后如果检查出有草籽被冲出的情况，要立刻将其埋平。从第三次喷水开始须加大水量，经常保持土壤潮湿，喷水不可间断，这样经7 ~ 10天，草籽便可出芽。当幼苗长至3 ~ 6厘米高时即可不用喷水。这个阶段的草坪要进行格外保护，禁止游人踩踏，否则会出现出苗严重不齐的现象。

2.栽植法

自春至秋（全年生长季节）均可栽植，根据本地的实际情况来确定具体的栽植时间，通常情况下宜早不宜迟，生长季中期是最佳的种植时间。

（1）点栽法

点栽的优点是能快速形成草坪，不足之处是比较费时费力。栽草时，一个作业组有两个人，一个人负责分草并将杂草挑净；一个人负责栽草，用花铲挖深度和直径均为6～7厘米的栽植洞，按15～20厘米的株距栽入草籽，先用细土埋平，用花铲拍紧，并随即顺地势耧平，最后再压实一次。

（2）条栽法

条栽的优点是操作简单，省时省力，需要少量的草，不足之处是草坪形成时间比点栽长。先挖深5～6厘米的沟，沟距20～25厘米，将草鞭每2～3根一束，前后搭接埋入沟内，覆土压实后立即灌水。

（3）撒栽法

先将草根散开并拣出杂草，然后将草根草茎均匀撒在整过的地面上，密度以铺满为宜，然后用细土盖住草，用土盖草的标准是不露草根，用滚筒碾压一遍后喷水。

（4）铺草块

这是出现效果最快的方法，除土壤冻结期间，一年四季均可施工，最适宜的季节是春秋两季，各种草在春秋季节均可种植；不足之处是需要较高的成本，且容易衰老。

四、垂直绿化施工技术

垂直绿化也叫立体绿化，指的是在楼顶边缘、立交桥、围栏、围墙、立柱、陡坡等建筑物立面、边缘栽培本、攀缘、垂吊植物，从而达到防护、绿化、美化的效果。垂直绿化不仅能增加建筑物的艺术效果，使环境整洁美观、生动活泼，而且占地少、见效快、绿化覆盖率高，使城市的生态环境得到了改善。随着我国经济突飞猛进地发展，建筑楼层逐渐加高，垂直绿化也就随之成为不可缺少的美化建筑的需要。

（一）垂直绿化常用的种类及种植形式

1.庭院垂直绿化

常见的植物有木香、紫藤、葡萄、猕猴桃、观赏南瓜等。主要的配置对象是棚架、网架、廊、山石。主要作用是美化环境和增加经济效益，创造庭院幽静、自然的小环境。

2.墙面垂直绿化

常见的植物有爬山虎、凌霄、络石等，都是在楼房、平房、围墙下面有很强的吸附力的攀缘植物。主要作用是增加城市绿化覆盖率，减少硬质景观给对人们视觉造成的恶劣影响。

3.住宅垂直绿化

指的是在阳台、天井、晒台等地方设立支架，使攀缘植物沿栅栏、支架生长的绿化。常见的植物有牵牛花、茑萝等，它们都是耐瘠薄、根系较浅的植物，管理粗放，花期长，美化、绿化效果都很好。

4.陡坡、假山绿化

陡坡绿化常见的植物有葛藤、油麻藤等。这类攀缘植物的特点是根系发达、速生、固着力强，主要作用是护坡、保持水土以及美化环境。假山石旁适合种植缠绕类植物，常用的植物有爬山虎、凌霄、扶芳藤或牵牛花、紫藤等，特点是攀缘力强，主要作用是在不影响山石之美的情况下，增加自然灵气。

（二）棚架植物栽植及施工技术

棚架绿化是攀缘植物在一定空间范围内，借助各种形式、各种构件组成景观的一种垂直绿化形式。应当按以下方法对棚架植物的栽植进行处理。

1.棚架植物的选择

根据棚架的不同结构选择与之相适应的绿化植物。大型藤本植物，如紫藤、凌霄等适合种植在砖石或混凝土结构的棚架旁；草本的攀缘植物，如牵牛花、啤酒花等适合种植在竹、绳结构的棚架旁；草、木本攀缘植物适合在混合结构的棚架旁进行结合种植。

2.植物材料处理

用于棚架栽种的植物材料，如果是如紫藤、常绿油麻藤之类的藤本植物，独藤长超过5米的是最佳的选择；如果是如木香、蔷薇之类的攀缘类灌木，因多为丛生状，要将多数的丛生枝条剪掉，将最长的1～2根茎干留住。目的是利于养分集中供应，使今后能够较快地生长，较快地使枝叶盖满棚架。

3.种植槽、穴准备

将藤本植物或攀缘灌木栽植在花架边时，应当在花架柱子的外侧确定种植穴。穴深40～60厘米，直径40～80厘米，应先在穴底垫一层基肥再加一层壤土，之后再栽种植物。花架植物栽植的另一种常见方式是不挖种植穴，植物的种植槽是用砖在花架边沿砌槽填土而成。种植槽净宽度在35～100厘米，深度不限，30～70厘米是槽顶与槽外地坪之间的最佳距离。需要注意的是，种植槽内所填的土壤，必须是肥沃的栽培土。

4.栽植

花架植物与一般树木的栽种方法基本相同。不同的是，完成了根部的栽种施工之后，需要在花架柱子旁搭架竹竿，把植物的藤蔓牵引到花架顶上，若花架顶上的檩条比较稀疏，还应在檩条之间均匀地放一些竹竿，增加承托面积，利于植物枝条生长和铺展开来，尤其是紫藤、金银花等缠绕性藤本植物更需如此。

（三）墙垣绿化施工

墙垣绿化是泛指用攀缘植物装饰建筑物外墙和各种围墙的立体绿化形式。这类绿化施工一般包括两种情况，一种是在庭院围墙、隔墙上做墙头覆盖性绿化，另一种是在建筑物的外墙或庭院围墙进行墙面绿化。

1.墙头绿化

（1）绿化材料选择

一般包括蔷薇、木香、三角花等攀缘灌木和金银花、常绿油麻藤等藤本植物，主要作用是搭在墙头上用以绿化实体围墙或空花隔墙。

（2）栽植

栽种的株距主要由不同树种藤、枝的伸展长度而定，1.5 ~ 3.0米是比较常见的株距。墙头绿化植物的种植穴挖掘、苗木栽种等，与一般树木的栽植基本相同。

2.墙面绿化

（1）绿化材料选择

茎节有气生根或吸盘的攀缘植物比较适合做墙面绿化的材料，如爬山虎、五叶地锦、扶芳藤、凌霄等是比较常见的品种。

（2）墙面处理

表面粗糙度大的墙面有利于植物爬附，垂直绿化容易成功。因为植物不能爬附太过光滑的墙面，所以，需要将水泥钉或膨胀螺钉均匀地钉在墙面上，用铁丝贴着墙面拉成网，供植物攀附。

（3）栽植

墙面绿化种植一般包括两种形式：容器和地栽种植。容器或种植槽栽植时，容器或种植槽的高度一般为50 ~ 60厘米，宽50 ~ 80厘米，槽底每两个排气孔应间隔2 ~ 2.5厘米；通常情况下沿墙面地栽种植，带宽50 ~ 100厘米，土层厚超过50厘米，苗稍向外倾斜。栽种时，苗木根系与墙体间距约为15厘米，株距采用50 ~ 70厘米，而以50厘米的效果最佳。栽植深度以苗木的根团全埋入土中为准。

（4）保护措施

在施工后一段时间内，应在墙脚刚栽上的植物周围设置篱笆、围栏等，以起到保护的作用。当植物长到能够抗受损害时，可拆除保护设施。

（四）护坡绿化施工技术

护坡绿化指的是用各种植物材料保护具有一定落差坡面的一种绿化形式。常见的有城市道路两旁的坡地、堤岸、桥梁护坡和公园中的假山以及大自然的悬崖峭壁、土坡岩面等。护坡绿化要注意色彩，高度要适当，花期要错开，要有丰富的季相变化。应根据不同种类的坡地来选择不同的施工技术。

1.绿化材料选择

耐湿、抗风的植物适用于河、湖护坡等临水空间开阔的地方。

防噪、吸尘、抗污染的植物适用于道路、桥梁两侧坡地的绿化。行人及车辆安全不能受到绿化植物的影响。

草本植物、灌木、藤本植物等可用来做道路边坡的绿化植物。禾本科和豆科草本植物通常用于护坡绿化。灌木目前在边坡绿化中使用得较少，目前常使用的灌木主要有紫穗槐、柠条、沙棘、胡枝子、红柳和坡柳等。在靠山一侧裸露岩石下一般不易塌方或滑坡的地段，或者坡度较缓的土石边坡是藤本植物栽植的最佳地段。桥梁、道路两侧坡地的绿化植物一般有葛藤、常春藤、爬山虎、五叶地锦、蛇葡萄、三裂叶蛇葡萄、地锦等。

2.栽植

一般在坡脚和第一级平台砌种植池，栽植攀缘植物、花灌木及垂挂植物。不同树种用不同的栽植方法：草本植物可采用营养繁殖和种子繁殖两种繁殖方式；灌木的种植可以采用扦插的方式，也可采用播种的方式；藤本植物的种植主要是扦插的方式。

（五）阳台绿化

阳台绿化是一种垂直绿化形式，一般用攀缘植物装饰阳台。阳台绿化是建筑和街景绿化的组成部分，它的实用价值是扩大了居住空间，观赏价值是美化了城市。

1.绿化植物选择

阳台的植物选择要注意三个特点：

第一，要选择抗旱性强、管理粗放、水平根系发达的浅根性植物，以及一些中小型草木本攀缘植物或花木。

第二，布置阳台的原则是建筑墙面和周围环境要保持协调，也可增添居住者喜爱的各种植物。

第三，适于阳台栽植的植物种类有地锦、爬蔓月季、十姐妹、金银花等木本植物和牵牛花、丝瓜等草本植物。

2.花箱和支架的制作及安装

可以把花箱、花盆放在阳台的地上或者花架上，也可将花箱和花槽安装在阳台外侧，在阳台下方和顶阳台做成一个垂直花架，或者利用顶阳台固定，搭成一个向外伸的花架，用来放置各种花卉。

安全是在安装花箱、花架等绿化装置时第一个需要考虑的问题。一定要用三角支撑架，并使用较长的膨胀螺钉把花箱、花架等绿化装置牢牢地固定在墙上，其荷载量最好能达到150千克/平方米。

（1）花箱的制作

制作花箱的材料，可以用木材、铅皮板、铁皮板、不锈钢皮板等。要使用涂过防腐漆的木板，这样比较经久耐用。

花箱最佳宽度在20厘米，高度在25厘米左右，可根据窗台和阳台的大小以及个人喜好来决定花箱的长度。在花箱的两端离底部约5厘米处开一小孔，供排水用。在离底部约5厘米处用隔板隔开，将种植土装在隔板上面，隔板下面用作储水，以减少以后浇水的次数。

将板条、铁条或铝条做成扁条，并将两个以上扁条固定在花箱靠墙的边上，以加固花箱。

（2）花箱的安装

将花箱安装在窗台和阳台上时，一定要特别注意安全问题。

将花箱和扁条一起做成支撑架，可以使安装更为简单方便，即把固定花箱的扁条加长一个三角支撑的长度，再打弯向上接上花箱的外沿，就做成了一个三角支撑架。在墙体上根据扁条上孔的位置凿两个钉眼，用膨胀螺栓把扁条牢固地固定在墙上，花箱就固定在墙上了。固定螺栓长度要大于或等于8厘米，直径要大于或等于1.5厘米。

用来摆放盆花的花架也可以安装在窗台和阳台外面。如果种植攀缘植物，必须安装藤架，而且要确保藤架牢固、安全。

（六）垂直绿化的养护管理

有些攀缘植物的本地品种具有速生、耐贫瘠、耐旱的特点，适合种植在土壤贫瘠、干旱、生长环境差的地方，是垂直绿化的理想品种。但是应加强后期管护，增强其适应性，从而更好地发挥其绿化、美化、防护的功能。

1.水肥管理

每年定期给土壤施有机肥，能使土壤结构得到改善，尤其是6—8月雨水充沛的季节更应及时补足肥力，在生长季节与叶面追肥相结合，给植物提供充足的养分。新植和近期移植的各类攀缘植物，需要连续浇水至无须浇水植株也能正常生长为止。为了使水分供应得到保证，可安装墙面滴灌和人工土壤。要掌握好3—7月植物生长关键时期的浇水量，做好冬初冻水的浇灌，以有利于防寒越冬。因为攀缘植物根系浅、占地面积少，为了保证其水分充足，所以在土壤保水力差或干旱季节都应适当增加浇水次数和浇水量。

2.人工牵引

可在廊、架、棚上支撑木架或在光滑的墙面上拉铁丝网，进行牵引和压枝蔓延。对植物进行人工牵引是为了使其枝条不断沿依附物伸长生长，栽植初期的牵引尤其需要注意，新植苗木发芽后应做好植株生长的引导工作，使其向指定方向生长。由专人负责攀缘植物的牵引，从植株栽后负责到植株本身能独立沿依附物攀缘。人工牵引的方法要根据攀缘植物种类和时期的不同而进行调整，如捆绑设置铁丝网（攀缘网）等。

3. 病虫害防治

天蛾、虎夜蛾、射虫、螨类、叶蝉、白粉病等是攀缘植物主要的病虫害。"预防为主，综合防治"是病虫害防治上应坚持贯彻的方针。栽植时应选择无病虫害的健壮苗，切忌栽植密度过大，应保证通风透光的生长环境，避免病虫害的发生。栽植后应加强攀缘植物的肥水管理，促使植株生长健壮，以增强抗病虫的能力；应及时将病虫落叶、杂草等清理干净，将病虫害扼杀在襁褓之中，从根源上消灭病虫源。加强病虫情况检查，发现主要病虫害应及时进行防治，要根据实际情况采取相应的防治方法。比较常用的有效方法有人工防治、物理机械防治、生物防治、化学防治等。在化学防治时，要根据不同病虫对症下药，均匀周到地喷洒药剂。选用的农药也要具有污染性小、对天敌危害小的特点，既要控制住主要病虫的危害，又要注意保护天敌和环境。

4. 整形修剪

应根据攀缘植物的不同功能与人工牵引相结合进行修剪，或以水平整齐为主，或以均匀为主，为了达到促使植物生长的目的，通常情况下不剪蔓，只修剪垂枝和弱枝。植株秋季落叶后和春季发芽前是适合修剪的时期，剪掉多余枝条，能减轻植株下垂的重量。为了整齐美观也可在任何季节随时修剪，对于观赏性较强的品种，要在落花之后进行修剪。

5. 中耕除草

保证土壤水分充足、保持绿地整洁、减少病虫害发生概率是中耕除草的主要目的。除草应在整个杂草生长季节内进行，以早除为宜，并要将绿地中的杂草彻底清理干净。在中耕除草时需要注意的问题是，尽量不要使攀缘植物的根系受到伤害。

第六章　园林植物的养护

第一节　园林树木的养护管理

一、灌溉与排水

虽然不同树木的生态习性和特点都各有差异，但是要想树木长得健壮，必须给其提供充足的水分。但同时也要掌握好水分的用量，既不能因缺水而干旱，也不能因水分过多使其遭受水涝灾害。

（一）灌溉

少灌、勤灌、慢灌是灌溉的基本原则，适量的灌溉对树木的生长很重要。只有根据树木生长的实际情况，因树、因地、因时制宜地合理灌溉，才能促使树木健康成长。

当前的植物养护中常用的灌水方法是树木定植以后。一般乔木须连续灌水3～5年，灌木最少5年；土质不好或树木因缺水而生长不良，以及干旱年份，则应延长灌水年限。每次每株的最低灌水量应大于或等于90千克。

河水、湖水、池塘水、自来水、井水、经化验可用的废水是灌溉常用的水源。单堰灌溉、畦灌、喷灌、滴灌等是比较常用的灌溉方式。

灌溉应符合以下质量要求：

第一，灌水堰的最佳位置在树冠投影的垂直线下，如果开得过深，会出现伤根的情况。

第二，保证充足的水量。

第三，水渗透后及时封堰或中耕，切断土壤的毛细管，防止水分蒸发。

（二）排水

树木会因为有过多水分存在土壤中而导致生长不良或者死亡。树木对水涝的抵抗能力会因树种、年龄、长势以及生长条件不同而不同。

常用的排涝方法有：

1.地表径流

地表坡度应控制在0.1% ~ 0.3%，不留坑洼死角。

2.明沟排水

可利于大雨后的时段及时将积水排出。

3.暗沟排水

可采用地下排水管线，并与排水沟或市政排水管线相连，但造价较高。

二、中耕除草

（一）中耕

人、畜走动以及浇水、降雨都会使园林树木的根系土壤板结，影响土壤中空气和流水的通透性，使树木根系发育时所需养分无法正常供应，因此须经常适时地中耕、松土。一般大乔木可以2 ~ 3年中耕松土一次（结合施肥），小乔木及灌木宜隔年一次，或一年一次。秋冬树木休眠期是比较适宜的中耕时期。因此时有利土壤风化，能消灭越冬病虫源，以及损伤部分根系对树木生长影响不大。中耕深度夏季宜浅，可通过除草、疏松表土，达到减少蒸发的目的，也能避免根系受到损伤。中耕深度，在冬季，大乔木一般深20厘米，中小乔木和灌木10厘米左右，中耕范围以树冠垂直投影为限。

（二）除草

树基部被蔓藤或者杂草缠绕，会使树木的正常生长发育受到不良影响，因此及时除草、保持绿地整洁是必不可少的绿化工作。在炎热的夏季，可将除下来的草覆盖在树干周围的土面上，这样既可降低辐射热，又可减少土壤水分蒸发。除草要掌握除早、除小、除了的原则。如果部分野草并没有影响绿化的美观，尤其是在风景区林下或斜坡上生长的野草，可以保留，给绿化建设增添一些原野风情，同时还能起到减少土壤冲刷的作用。除草的方法一般用人工锄除，近几年来也用化学药剂除草。

三、施肥

在城市为了保持绿地的卫生美观，往往要把枯枝落叶除尽，这样树木在生长过程中，只消耗养分，而无补充养分来源。人工施肥会为树木生长提供养料，增强树木的生长能力，提高抗病能力和绿化功能。因此必须经常施肥，以给树木补充营养。

绿地植物生长必需的肥料三要素指的是磷、钾、氮。足量的磷能使花果繁茂。缺磷，叶上常有红紫斑，树木需磷肥最高的时期是开花结实期。钾能促使植物茎干坚强。缺钾，叶片顶端和边缘常变为褐色而枯死，易遭真菌为害。叶绿素、酶、生物碱等的组成部分是氮，氮有促进植物营养器官的生长和生殖器官的组成的作用。氮素过多，会产生枝条徒长，组织幼嫩延迟休眠，在秋末冬初易遭冻害；缺氮，树木生长发育过程中会表现出叶黄，花、果少，抗逆性差。对观花观果树木来说，氮素过多会造成落花、落果，并且果实不耐贮藏。除了上述三个元素之外，钙、铁等也是植物生长过程中不可缺少的元素。钙可以使土壤的pH值发生变化，促进土壤结构的形成。园林树木对于缺铁反应最为敏感，尤其是玉兰、栀子花、苹果、梨、桃等。另外常浇灌有机肥水，能促进喜酸性树木叶色浓绿且有光泽。

在园林上可以结合冬季中耕施用有机肥与矿质肥相结合的混合肥，在栽植时还可做基肥。有机肥主要包括骨粉、油饼、人粪尿、厩肥等。无机肥料为化学肥料，主要包括硫酸铵、尿素、过磷酸钙等。

施肥可分为基肥和追肥两种。穴施、环施和放射状沟施等是主要的基肥施用方法，多选用有机肥或复合肥。追肥的施用方法主要有根施法和根外施法，一般用化肥或菌肥。

（一）施肥的注意事项

第一，有机肥料要充分发酵、腐熟，化肥必须完全粉碎成粉状。施肥后必须及时适量灌水，帮助肥料渗入土壤，否则树根会因土壤溶液浓度过大而受到不良影响。

第二，根处追肥最好于傍晚喷施。

（二）施肥的方法

环沟施法、穴施法、辐射状施肥、根外施肥是比较常用的施肥方法。

1.环沟施法

以树冠的垂直投影画一圆圈，挖一环状沟，深约30厘米，宽25～30厘米，将肥料放入后覆土。此法施肥的特点是能够留住养分，具有较大的肥效，不足之处是肥料与根接触面不大。

2.穴施法

在树冠垂直投影半径范围以内，挖一施肥穴，深约30厘米，直径20～25厘米，挖好后施肥盖土，穴的分布以靠近树干部分少些、外缘多一些为原则。此法的特点是有较好的施肥效果，不足之处是花工多。

3.辐射状施肥

以树干为中心，按半径方向掘成辐射状沟，然后施肥于沟内，覆土。树根庞大且近地表不便做环沟施法时适用此法，其特点是使肥料与侧根的接触面大大增加。

4.根外施肥

一般用矿质肥料制成溶液或粉末，用喷雾器或喷粉器喷洒于叶面，或用针注射于树干内。雨后或露水未干时是喷粉法施肥的最佳时机，因为叶片容易利用溶于水中的养分。这种方法可免除肥料落于水中，防止由于生物的吸收作用及化学的沉淀作用而发生肥料固定而损失。

5.施肥时间

施肥时间因肥料种类和生长季节早晚不同而不同。通常情况下有机肥多作为基肥，为迟效性肥料，施用时间在冬季或秋季落叶之后。冬施基肥可保温、蓄水，促进根系来年的生长发育。速效性肥料一般做追肥，多在生长季节施用，尤其在生长旺盛季节到来之前使用，以补充植物在生长季节的消耗。对于具有观赏价值的树种，花芽分化的时期是第一步。一般群众经验是在花前果后施肥，秋季施肥不能过迟，以免促使秋梢生长未木质化而易遭冻害。

第二节　园林树木的整形修剪

一、整形修剪的目的与原则

（一）目的

1.促控生长

调节和均衡树势，使树木生长健壮，树形整齐。

2.减少病虫害

枝叶繁茂丛生，树冠郁闭，挡风挡光，枝条生长得不到足够的阳光，内膛枝细弱老化，抗病虫能力差。合理修剪，能改善通风透光条件，促使植株生长茁壮，减少病虫害危害。

3.培养树形

自然树形是我国城市绿化常采用的形式，但如果特定的场景需要特定的植物造型，则需要人工整形。

4.促花促果

对具有观赏价值的树种，可通过修剪调节营养生长与花芽分化的关系，克服花果大小年，促使早开花结果，使观赏效果得到提高。

5.调节矛盾

在城市绿化过程中，会遇到架空线、管道、电缆等问题，就需通过对植物进行整形修剪来达到解决这些问题的目的。

（二）原则

整形修剪的原则有三个：一是依据树种的生物学特性。某些树种顶芽生长势强，如银杏、楸树等主干明显，应采取保留中央领导干的整形方式。成丛状树冠的树种，如栀子花、桂花、榆叶梅、毛樱桃，可以整成圆球形等形状。具有屈垂而开展习性的树种，如龙爪槐、垂枝梅，应采用盘扎主枝为水平圆盘状的方式，使树冠呈开展的伞形。喜光的观果树种，如梅、李、桃、杏等，可采用自然开心形的整形方式，使其多结果实。少修剪或轻度修剪适合于萌芽力弱的树种，多次重复修剪适合于萌芽力强的树种。二是依据树木在城市绿地的主要功能。三是依据树木的年龄。如幼年期适合轻度修剪；成年期应配合其他管理措施，综合运用各种修剪整形方法，从而调节树木生长均衡，保持繁茂的生长状态；衰老期适合适当的强度修剪，利用徒长枝以达到更新复壮的目的。

二、整形修剪的方法

（一）整形修剪的类别

1.自然式整形修剪

根据树种的自然生殖特点，辅助性地调整和修剪植物的形状。

2.人工造型整形修剪

人为地将树木修剪成特殊树形，达到景观的特殊要求。一般将树木整成几何形体或动物等其他形体。

3.自然与人工混合式整形修剪

杯状形、开心形、丛球形、棚架形、中央领导干形、多领导干形是比较常见的形式。其中开心形，常见于如桃、苹果等观花的小乔木；丛球形，常见于小乔木及灌木整形；棚架形常见于藤本植物的整形；中央领导干形，常见于如松柏类乔木等庭荫树、孤植树；多领导干形，常见于观花树木、庭荫树整形。

（二）修剪时期和方法

1.修剪时期

通常情况下，修剪时期分为生长期修剪和休眠期修剪。前者在生长季节修剪，后者在树木停止生长后与树液流动之前进行。

2.修剪工具

修剪的工具必须锋利，剪口平滑，剪口要尽可能靠近干节，否则会使枝上留下死节，但也不能修得过深，太深会在枝干上形成树孔。剪口切面最好与树干保持在同一平面，还可将防腐涂剂涂抹在锯去大树干的剪口上。

3.修剪方法

（1）休眠期修剪多采用短截和疏枝

① 短剪：也被叫作短截，将超过整个枝条长度1/2的部分剪掉，使剪口下面的腋芽萌芽得到生长，使树丰满。同时需要注意剪口下面的腋芽应朝上，以免出现内向枝的现象。

② 疏剪：将整个枝条自基部剪除，不要留下残桩。

③ 截干：指的是截断粗大的主枝、骨干或茎干，从而促进树木的更新复壮。

（2）生长期常用的修剪措施

① 摘芽：也叫剥芽或抹芽，指的是用手剥去树木萌芽生长初期枝干上没有用的芽。

② 摘心：除去当年枝条先端的嫩梢。

③ 摘叶。

④ 疏花疏果：疏花疏果的作用是减少养分的过多消耗，使树木连年都开花结果。但疏花时应注意留花数量应等于预定坐果数量的2～3倍，大约在6月下旬至7月上旬期间，等果实基本成熟后，疏掉没有用的幼果。

⑤ 折裂：在早春芽略萌动时期将枝条折裂处理，使之形成各种苍劲的艺术姿态。

（三）修剪步骤

修剪切忌无次序地乱剪，应先绕树看好树冠的整体，做到心中有数，全面观察冠内冠外、冠上冠下，确定是否需要调整大骨干枝和大枝组，如有需要，优先考虑修剪大枝。但是大枝修剪一般分年度分期进行，以免减弱树势，影响生长与结果。确定了冠内修剪的方针后，再根据冠外枝组的情况，修剪出不同的枝形。

（四）修剪注意事项

修剪树木的工具必须锋利，剪口平滑，剪口斜面上端与芽端相齐，下端与芽之腰部相齐。树冠整形的要求决定了修剪时留哪个方向的芽。为了保证主枝在正轨上延长生长，通常情况下，对呈垂直生长的主干或主枝，每年修剪其延长枝时，所选留的剪口芽的位置方向应与上年的剪口芽方向相反。

主枝或大骨干的分枝角度的太小，下一级的骨干枝应选留分枝角度较大的枝，而分枝角度过小的枝应在修剪时除去，对初形成树冠而分枝角度较小的大枝可用绳索将其拉开，或于二枝间夹木板等加以矫正。

三、各类绿地树木的整形修剪

（一）成片树林的修剪

对于有主干领导枝的树种要尽量保护中央领导干，出现双干现象，只选留一个。如果中央领导枝已没有了生长能力，须在其侧生枝叶中选择一个生长能力强的嫩枝，扶植培养成新的领导枝，并适时修剪主干下部侧生枝，使枝条能均匀分布在适合分枝点上。一些因主干短而无法培养成独干的已成材的树木，可以把主枝中分生的部分培养成主干，呈多干式。

对于松柏类树木的整形修剪，一般采用自然式的整形。在大面积人工林中，人工打枝是常用的方式，要剪除生长在树冠下方的无生机的侧枝。需要强调的是，要根据栽培目的以及对树木生长的影响来决定打枝的力度。有人认为去掉树冠的1/3，对高生长、直径生长影响不大。

（二）庭荫树和行道树的整形修剪

架空线、车辆、街道宽窄、建筑物高低、地下电缆、管道等都会对行道树的生长产生影响。为了便于车辆通行，行道树分枝点一定要在2.5～3.5米，同一街道的行道树分枝点应当一致。枝条与电话线的安全距离约为1米。用杯状形整枝，并及时将触碰到线路的枝条剪去，从而保证枝条与架空线处在安全距离范围内。

对于斜侧树冠，遇大风易倒伏太危险，应尽早重剪侧斜方向的枝条，对另一方应轻剪，能使偏冠得以纠正。针对这种情况应在树枝的分枝点上选留三个方向上与主干呈45°的主枝，再在各主枝上选留两个二级枝，这就是所谓的杯状形整枝，完成此形的整枝需要数年时间。无主轴的树种比较适合于此种整形。

有中央领导干的树种适合于无架空线的道路的行道树，如银杏、广玉兰等。无架空线的道路要求行道树采用自然式树形，并有一定分枝高度。每年或隔年将病枯枝及扰乱树形的枝条剪除。圆球形、半圆球形等是常见的整形。

（三）灌木类的整形修剪

园林花灌木修剪是园林绿化抚育管理工作的重要内容之一，是保持树木健壮和协调生长以提高园林绿化景观水平的关键技术措施。对园林树木在生长期内进行整形和修剪是灌木类整形修剪的主要内容，应用的目的决定了修剪的方法和频率。

1.为确保移栽成活而修剪

在园林绿化施工过程中每个环节都可能弄伤一些根系，比如起苗、运输、搬运、栽植以及回填等环节，其中风险比较大的是挖掘大苗和用机器给大树起苗吊装时散坨、断根。尤其在非正常植树季节的夏季，花灌木移栽后出现假活更是时常发生。为确保成活，进行重剪是在起苗前或起苗后应该立即做的工作。通常情况下外地苗木在起运时没有土球，可以把裸根沾上泥浆，再用湿草和草袋包裹，并在装车之前进行重剪。如果有早春气温回升很快而土温大幅度降低的情况，新根生长的速度比萌芽展叶和抽生新梢的速度慢很多，这时根部吸水满足不了水分的消耗，就得将树苗上过早萌发的嫩梢抹掉，即进行补偿修剪。品种珍贵且造型美观的树种，运输前须用木箱假植或用草帘单独包装，定植后无须进行重剪，只要将衰老的枝条和枯黄的叶片修剪掉即可。

2.花灌木定植后的修剪

苗木定植后，首先用修剪进行树冠整形，短截和疏剪密度过大或枝条过长的丛生枝。针对放置在核心位置起到画龙点睛作用的灌木，应该根据造型的需要，将丛生枝剔除，保留侧枝匀称、主干光滑的主枝，通过修剪短截甚至牵拉把树形调整成圆整的小乔木状。在树苗定植后，需要对下垂倾斜和平行的侧主枝和侧枝进行矫正，一般采用的方法是绳拉或者木棍支撑，还应剪掉接近地面的枝条以及树膛内的直上枝、交叉枝等。

3.为控制树体大小而修剪

园林花灌木通常是房屋、亭台、假山以及其他园林建筑的衬景，如果过于高大、粗犷，就会使整体画面失去平衡，影响园林建筑的效果。所以不能不加控制地任其生长。即便是草坪中或疏林下的花灌木，如果不经修剪，树丛会不断扩大，相互拥挤在一起，破坏园林布局的规整度，使通风受到影响；加之病虫的侵害，会严重影响树木的健康，缩短景观的观赏寿命。所以在我国北方，建议至少进行三次修剪。第一次，早春树叶萌发之前，删除或短截病枝、残枝、虫卵寄生的枝条等，保留花枝，重剪之后树木会得到回缩与更新。第二次，花谢后3周至1个月，剪掉残花，疏除新生萌蘖和过密处的小枝，增强通风透光，预防病虫害发生；进行整体的短截和修形。第三次，立秋后落叶前，剪去除宿存观赏性强的冬果之外的果实。

4.因树势（健康）而修剪与整形

针对生长旺盛的幼树，倾向于整形，修剪只是辅助性修护措施。为了避免生长直立枝，要剥掉斜生枝的上位芽。一切病虫枝、干枯枝、人为破坏枝、徒长枝等用疏剪方法剪去。选择生长健壮的丛生花灌木的直立枝进行打尖，帮助其早开花。壮年树应充分利用立体空间，促使多开花。于休眠期修剪时，在秋梢以下适当部位进行短截，并且每一年都选择保留部分根蘖，将部分老枝疏掉，从而使枝条不断得到更新，株形也得到丰满。

更新复壮主要针对于开始衰老的树木，采用重短截的方法，使营养集中于少数腋芽，萌发壮枝，及时疏剪细弱枝、病虫枝、枯死枝。

5. 根据花灌木生长开花或结果的栽培目的进行修剪与整形

一些花灌木在前一年的夏季高温时进行花芽分化，在第二年春季开花。这种花灌木的花芽或混合芽着生在第二年生枝条上。常见的树种有连翘、榆叶梅、毛樱桃等。这种花灌木应在花残后叶芽开始膨大尚未萌发时进行修剪。植物种类及纯花芽或混合芽的不同决定了修剪的部位。牡丹只须剪除残花，连翘、榆叶梅、丁香等可在开花枝条基部留 2 ~ 4 个饱满芽进行短截。一些花灌木在夏秋季开花，如红玫瑰、黄刺玫、珍珠梅等，其花芽或混合芽着生在当年生枝条上的花灌木。在当年萌发枝上形成花芽，因此应在休眠期进行修剪。重剪二年生枝基部的对生芽和饱满芽，重剪后会长出新枝条，花枝会有所减少，但由于营养集成会产生较大的花朵。而对于需要结果观赏或食用的果树，修剪要根据果树的特点来进行，同时也要兼顾树势的平衡，使侧枝特别是果枝粗壮，层次分明，将丰硕与美观融合在一起。

6. 为达到设计的树形而修剪

灌木是园林绿化中的重要设计元素，其自然的形式和质感就能够起到赏心悦目的作用，但是园林设计人员通过对其实施造型，可使其达到与建筑之间、与其他不同形式的树木之间的协调和特有的意蕴。总而言之，园林绿化建设越来越钟爱于装饰性、符号功能强的造型，如园林中经常见到将灌木修剪成拱门、拱洞、墙垣、长廊、棚架等功能性的实体，更为普遍的是塑成花鸟兽、几何体等纯粹的装饰作用。

空中花园、立体绿化的设计以及生态景观的模仿成为当今城市用地稀缺的衍生物，在室内，无论是椰风海前，还是南国风情，都不再是设想，而是成为现实，在有限的空间里塑造深远的绿境、胜景，此中的植材都要经过精心修剪。

7. 为树木的复壮更新而修剪

强度修剪开始衰弱的树木，将大部分侧枝和衰弱的主枝剪掉，甚至把主枝也分次锯掉，选留有培养前途的新枝作为培养的主干，用以形成新的树冠。这种做法叫作更新复壮。通过更新复壮，较之新植的新苗生长速度较快，能够延续理想的景观效果。早做准备、早做规划，才能更好、更有把握地实现复壮的目的。通常情况下在早春第一次修剪时即留好备用的更新枝，通过多次的修建一年半至两年的时间即可完成。

在修剪具有观赏价值的树木之前，应先充分了解树木的开花习性。像木槿、玫瑰等树木，在当年生枝条上开花，可在冬季早春修剪。在生长季节中开花的如月季、珍珠梅等，在早春重剪老枝外，花后可修剪新梢，为再次发枝开花做好准备。

对于先花后叶的种类，在春季花后修剪老枝，可保持理想的树形。对具有拱形枝的种类如连翘、迎春等，为了充分发挥树姿的特点，需要重剪老枝，为新枝的苗壮成长提供空间。

对观叶或观枝条的种类，如红瑞木可在冬季或早春重剪，以后轻剪，使萌发多数枝叶，充分发挥其观赏作用。

像胡枝子、荆条、醉鱼草等冬季易干枯梢或生命力极强的树种，适宜在冬季自地面割去，以便于来春重新萌发新枝。蔷薇、迎春、丁香、榆叶梅等灌木，在定植后的头几年任其自然生长，如果株丛密度过大，需要疏掉丛内主枝基部的1/2，否则树木会因较差的通风性而无法正常开花。

对萌蘖力弱的树种，其丛生枝条集中着生在根茎部位，可以利用这种特性把它们整成小乔木状，提高观赏价值。操作方法是在春季先将株丛中央的一根主枝保留下来，从基部剪掉周围的枝条，于是由主枝先端的腋芽和根茎上的不定芽又能长出许多侧枝，这时仅保留主枝先端的四根侧枝，剪掉下部所有的侧枝。这四根侧枝上继而长出二级侧枝，并且在主枝和主枝的基部还会萌发出一些侧枝，应当及时把它们剪掉。这样就把一棵灌木修剪成了小乔木状，让花枝从侧枝上抽生而出。

（四）绿篱的修剪

保证提供充足的肥水，使其茂盛生长，将其修剪成篱成墙成形，从而达到观赏和隔离的作用是绿篱的养护管理原则。

1.绿篱的肥水管理

绿篱修剪的工作量繁重，并且对肥水条件有较高要求。为了植后生长迅速，在初植绿篱的四周挖一个沟，沟深约为40厘米，在沟内填入纯净的客土，或在客土中拌入适量腐熟的有机肥或复合肥。基肥足、追肥速，以氮为主、磷钾结合，群施薄施、剪后必施是施肥的原则。必要时还要进行根外施肥。水分管理，以保湿为主，表土干而不白，雨后排水防渍，能避免出现烂根的现象，使绿篱的生长不受影响。

2.绿篱的修剪

平面绿篱、图形绿篱、造案绿篱，都是为了符合设计要求通过人工修剪而成。

（1）修剪的原则

从小到大，多次修剪，保持线条流畅，按实际需要修剪成形。一般的绿篱设计高度为60～150厘米，超过150厘米的为高大绿篱（也叫绿墙），具有隔离视线的作用。

（2）修剪的操作

用大篱剪手工操作是现阶段比较常用的方法，要求刀口锋利，紧贴篱面，不漏剪少重剪。旺长突出部分多剪，弱长凹陷部分少剪；直线平面处可拉线修剪，造型（圆形、蘑菇形、扇形、长城形等）绿篱按形修剪；顶部多剪，周围少剪。

（3）修剪的技术要求

绿篱生长至30厘米高时开始修剪，按设计类型3～5次修剪成雏形。

（4）修剪的时间

修剪之后要及时把剪下的枝叶清理干净，重视肥水管理。如果前后修剪间隔时间过长，会影响绿篱原来的形状，所以当新的枝叶长至4～6厘米时就要进行再次修剪。如遇到雨天、强风、雾天等恶劣天气或正当午时，则无须修剪。

（5）定型修剪

当绿篱生长达到设计要求定型以后的修剪，每次都要把新长的枝叶全部剪去，保持设计规格形态。

（6）修剪的作用

一是加速成形，满足设计欣赏效果；二是抑制植物顶端的生长优势，促使腋芽萌发，侧枝生长，墙体丰满，有利于修剪成形。

绿篱整形的形式很多，关键是要保证阳光能照射到植株基部，使植株基部分枝茂密。如果绿篱下枝干枯掉落，必定会使其观赏价值大大降低。规则式的绿篱须经过人工修剪整枝，最普通的式样是标准水平式，即将绿篱的顶面剪成水平式样。半圆球形、波浪式等也是比较常见的式样。绿篱一般分为四种：篱高20～25厘米为矮篱，篱高50～120厘米为中篱，篱高120～160厘米为高篱，篱高超过160厘米为绿墙。修剪的方法是在绿篱定植后按规定高度及形状及时剪除上下左右枝。对于粗大的主尖去掉的部分应低于外围侧枝，这样可促使侧枝生长，掩盖住粗大的剪口。绿篱在定植以后每年修剪的次数不限。

（五）藤本类的整形修剪

自古以来，藤本植物一直是我国造园中常用的植物材料，如今可用于园林绿化的面积越来越小。攀缘植物的垂直绿化具有增加城市绿量、提高整体绿化水平、拓展绿化空间、改善生态环境的作用。

人们的生态意识和环境意识随着时代的发展而逐渐增强，在城市环境建设中园林绿化的地位越来越受到重视。要提高城市的绿化覆盖率，增加城市绿量，改善城市的环境质量，不仅需要平面绿化，还要把平面绿化和垂直绿化有机结合起来。藤本植物是垂直绿化的主体，在绿化建设中发挥着不可或缺的作用。

1.藤本植物在绿化中的作用

在垂直绿化中常用的藤本植物，有的用吸盘或卷须攀缘而上，有的垂挂覆地，用长的枝和蔓茎、美丽的枝叶和花朵组成景观。有些藤本植物不仅有一定的视觉美感，还能散发出植物特有的香气，而且个别藤本植物的根、茎、叶、花、果实等还是很好的药材或香料。利用藤本植物发展垂直绿化，可提高绿化质量，改善和保护环境，实现景观、生态、经济和谐发展的园林绿化效果。

2.藤本植物在绿化中的应用形式

（1）墙面的绿化

现代城市建设多为水泥森林，缺乏生机与活力，给人沉重的压迫感。若配以软质景观藤本植物进行垂直绿化，在增添绿意的同时，还能减缓视觉疲劳，给人们的生活增添一些舒缓的节奏，而且还能有效遮挡夏季阳光的辐射，降低建筑物的温度。藤本植物绿化旧墙面，可以遮陋透新，与周围环境形成和谐统一的景观，提高城市的绿化覆盖率，美化环境。

（2）覆盖地面

藤本植物根系庞大、牢固，用来覆盖地面有利于保持水土稳固。另外，藤本植物与大、小乔木及灌木协调配植，可以增加林木的层次性。藤本植物附着在园林中的山石上，能使原本灰暗、冰冷的山石也充满生机，并且还能遮盖山石的局部缺陷。

（3）构架的绿化

将藤本植物依附在构架，如游廊、花架、拱门、灯柱、栅栏、阳台等上，会产生独特的艺术效果。种植各种不同的藤本植物，构成繁花似锦、硕果累累的植物景观，就可以将观赏和游玩合二为一，既能美化环境，又能改善生态。有些藤本植物可以建成独立景观，如紫藤，可独立种植，用圆形棚架设立柱，也可结合建筑物相互衬托，增加美观。用藤本植物装饰阳台，可增添许多生机，既能美化楼房，还能把人与自然有机结合起来。此外，藤本植物还是一种天然保护层，可以减少围护结构直接受大气的影响，避免建筑表面风化，延缓老化。因此，藤本植物具有独特的功能和美化作用，有着越来越大的绿化发展空间。

（4）阳台绿化

随着城市住宅的迅速增加，充分利用阳台空间进行绿化，极为必要。阳台绿化能降温增湿，净化空气，美化环境，丰富生活。由于阳台空间有限，攀缘植物需要充分发挥自己的优势。很多攀缘植物都是阳台绿化的好材料。

（5）立交桥的绿化

随着城市交通的发展，高架路、立交桥如雨后春笋般在城市拔地而起。在城市市区的立交桥占地少，一般没有多余的绿化空间，可用藤本植物绿化桥面，增添绿色。如北京、天津等城市用地锦、常春藤等绿化立交桥面，不仅美化了环境，还提高了生态效益。

3.藤本植物的整形修剪

（1）凉廊式

适合种植卷须类、缠绕类植物，但如果引于廊顶过早，很容易导致侧面空虚。

（2）附壁式

适合种植吸附类植物，如爬山虎、凌霄、扶芳藤、常春藤等。一般将藤蔓引于墙面，使其自行依靠吸盘或吸附根逐渐布满墙面，蔓一般可不剪。

（3）篱垣式

将侧蔓水平诱引，每年都要短剪侧枝，形成整齐的篱垣形式。

（4）棚架式

重剪近地面处的枝条，促使发生数条强壮主蔓，然后垂直诱引主蔓于棚架之顶，均匀分布侧蔓，即可很快成为荫棚。

第三节　古树名木的养护管理

一、古树名木的分类管理

古树名木是在充分调查和鉴定的基础上进行分级的，进行分级养护管理的一般标准是古树名木的树龄、价值、作用以及意义等。下面是国家颁发的城市古树名木保护办法规定。

1.一级古树名木由省、自治区、直辖市人民政府确认，报国务院行政主管部门备案；二级古树名木由城市人民政府确认，直辖市以外的城市报省、自治区行政主管部门备案。

2.古树名木保护管理实行专业养护部门保护管理和单位、个人保护管理相结合的原则。城市人民政府园林绿化行政主管部门应按实际情况，对城市古树名木分株制定养护、管理方案，落实养护责任单位和责任人，并进行检查指导。生长在城市园林绿化专业养护管理部门管理的绿地、公园等处的古树名木，由城市园林绿化专业养护管理部门保护管理；生长在铁路、公路、河道用地范围内的古树名木，由铁路、公路、河道管理部门保护管理；生长在风景名胜区内的古树名木，由风景名胜区管理部门保护管理；散生在各单位管界内及个人庭院内的古树名木，由所在单位和个人保护管理。变更古树名木养护单位或个人，应当到城市园林绿化行政主管部门办理养护责任转移手续。

3.城市人民政府应当每年从城市维护管理经费、城市园林绿化专项资金中划出一定比例的资金用于城市古树名木的保护管理。古树名木养护责任单位或责任人，应按照城市园林绿化行政主管部门规定的养护管理措施对古树名木实施保护管理。古树名木受到损害或长势衰弱，养护单位和个人应当立即报告城市园林绿化行政主管部门，由城市园林绿化行政主管部门组织进行复壮。对已死亡的古树名木，经城市园林绿化行政主管部门确认，查明原因，明确责任并予以注销登记后，方可进行处理。处理结果应及时上报省、自治区行政主管部门或直辖市园林绿化行政主管部门。

4.在古树名木的保护管理过程中，各地城建、园林部门和风景名胜区管理机构要根据调查鉴定的结果，对本地区所有古树名木进行挂牌，标明树名、学名、科属、树种、管理单位等。同时，要研究制定出具体的养护管理办法和技术措施，如复壮、松土、施肥、防治病虫害、补洞、围栏以及大风和雨雪季节的安全措施等。遇有特殊维护问题，如发现有危及古树名木安全的因素存在时，园林部门应及时向上级行政主管部门汇报，并与有关部门共同协作，采取有效的保护措施；在城市和风景名胜区内实施的建设项目，在规划设计和施工过程中都要严格保护古树名木，避免对其正常生长产生不良影响，更不许任意砍伐和迁移。对于一些有特殊历史价值和纪念意义的古树名木，还应立牌说明，并采取特殊保护措施。

二、古树名木保护的生物学基础

（一）古树的生物学特点

树种的遗传特性是古树长寿的第一个内在因素。不管是对不良环境条件形成较强抗性的外来古树，还是本地乡土古树，在遗传上都有长寿的特点。

古树通常是由种子繁殖而来的。种子繁殖的实生树木，根系发达，适应性广，抗逆性强，无性繁殖的树木寿命比其短。

古树一般是慢生或中速生长树种，新陈代谢较弱，消耗少而积累多，从而为其长期抵抗不良的环境因素提供了内在的有利条件。某种特殊的有机化学成分会存在于一些树种的枝叶中，这些有机化学成分具有抵抗病虫侵袭的功效，如侧柏体内含有苦味素、侧柏酮及挥发油等；银杏叶片细胞组织中含有的2-乙烯醛和多种双黄酮素有机酸，其存在的状态或者是与糖结合成苷，或者是游离状态，抗病虫害能力也很强，同样具有抑菌杀虫的威力。

古树多为深根性树种，如侧柏、朴树、银杏、油松、板栗等。其主侧根发达，一方面能有效吸收树体生长发育所需的水分与养分，另一方面具有极强的固地与支撑能力来稳固庞大的树体。根部扎得深且牢固，枝叶才会繁茂，寿命也才会更加长久。

古树树体结构合理，木材强度高，能抵御强风等外力的侵袭，减少树干受损的概率，如黄山的古松、泰山的古柏，都能经受山顶常年的大风吹袭。

大部分古树的根、茎萌蘖力都比较强，已经衰弱的根部可从萌蘖中吸取营养与水分。比如河南信阳李家寨的古银杏，虽然树干被劈裂成几块，中空处可过人，但根际萌生出多株苗木并长成大树，形成了"三代同堂"的丛生银杏树。个别树种干枝隐芽寿命长、萌枝力强，如栓皮栎、侧柏、槐树、香樟等，其枝条折断后能很快萌发新枝，更新枝叶。再如河南登封少林寺的"秦五品封槐"，枝干干枯后继而复苏，重新生长出枝叶来，萌蘖苗也从侧根中重新生出，从而长成现在的第三代"秦槐"，生生不息。

（二）古树的生长环境

古树长寿的外在因素是生长环境。大部分古树生长在原生态环境条件未受到人为因素破坏的自然风景区或自然山林中，或古树具有特殊意义而受到人们的保护，在比较稳定的环境中正常生长。虽然有些古树名木在原生环境受到破坏，但其生长地有较好的立地条件，如水分与营养条件较好、土壤深厚、生长空间大、不易受人畜活动干扰等方面的特殊性，使得其虽没有受到人为的刻意保护，但仍能正常生长。

三、古树名木的养护

（一）支撑加固古树

古树由于年代久远，很多树体主干中空，主枝常有死亡，造成树冠失去平衡，树体容易倾斜，再加之树体衰弱、枝条下垂，所以用他物进行支撑是很有必要的。如皇极门内的古松、北京故宫御花园内的龙爪槐均用钢管呈棚架式支撑，钢管下端用混凝土基加固，用扁钢箍起干裂的树干。这些措施对保护古树均有不错的效果。支撑古树需要注意的是尽量不要让金属箍与古树直接接触，中间要垫有缓冲物，以避免造成树皮韧皮部缢伤，加速古树的衰弱与死亡。

（二）树干疗伤

应特别注意养护树龄较大的古树名木，因其抗病能力下降，容易受到病菌的伤害且恢复力下降。

（三）树洞修补

若古树名木的伤口长久不愈合，长期外露的木质部受雨水浸渍，逐渐腐烂，形成树洞，树木生长和观赏效果都会受到影响，如果长时间如此会导致古树名木倒伏和死亡。过去常用的方法是采用砖头堵洞，外部加青灰封抹。因这些材料无弹性，树洞又不能密封，雨水渗入反会加剧古树树干的腐朽，不利于古树生长。近期一些国家将具弹性的聚氨酯作为填充物的材料。这种材料对古树的生长没有负面影响，但是价格稍贵，不过仍可以算是目前较理想的古树树洞修补填充材料。

还有一种方法是用金属薄板进行假填充或用网罩钉洞口，再用水泥混合物涂在网上，待水泥干后，能防止洞内流进雨水，在洞口分别涂上紫胶漆和其他树涂剂将其密封。

（四）设避雷针

据调查，千年古树大部分曾遭过雷击，受伤的树木生长受到严重影响，树势衰退，如不及时采取补救措施甚至可能很快死亡。因此，为了避免高大古树受到雷击的损害，应为其安置避雷针。当古树被雷击中后，须及时将保护剂涂在刮平的伤口上。

（五）灌水、松土、施肥

每年的日常养护工作中，春、夏干旱季节应灌水防旱，秋、冬季应浇水防冻，灌水后应及时松土。这样既可以使土壤的通透性得以增加，也可以保持土壤的水分不蒸发，不渗漏。要认真对待古树施肥，一般在树冠投影部分开沟（深0.3米、宽0.7米、长2米或深0.7米、宽1米、长2米），为了增加土壤的肥力，可以向沟内施加适量的化肥，或施加腐殖土和稀粪的混合物，但要严格控制肥料的用量，绝不能造成古树生长过旺。特别是原来树势衰弱的树木，短期内生长过于繁茂会使树冠与树干及根系失去平衡，给根系造成很重的负担，产生作用相反的后果。

（六）树体喷水

由于城市地区空气浮尘污染大，古树的树体截留灰尘极多，尤其是常绿树种，如侧柏、圆柏、油松、白皮松等枝叶部位积尘量大。一方面会使观赏效果受到影响，另一方面叶子的光合作用也会因为减少了对光照的吸收而受到影响。可采用高架喷灌方法进行清洗，此项措施费工费水，一般只在重点风景旅游区采用，结合灌水进行。

（七）整形修剪

不得轻视古树名木的整形修剪。通常情况下，整形修剪的原则是基本保持原有树形，修剪量尽量不要过多，避免增加伤口数。修剪病虫枝、枯弱枝、交叉重叠枝时，应注意修剪手法，以疏剪为主，以利通风透光，减少病虫害滋生。适当短截，有利于新枝的生发，这也是进行更新和复壮修剪较常用的手法。古树的病虫枯死枝，应在树液停止流动季节抓紧修剪清理、烧毁，减少病虫滋生条件，并美化树体。对无潜伏芽或寿命短的树种，主要通过深翻改土、切断1厘米左右粗的根，促进根系更新，再加上肥水管理，即可复壮；个别像槐、银杏等树种因寿命长、有潜伏芽、易生不定芽，可以用回缩修剪剪去树冠外围枝条衰老枯梢。有些树种根茎处具潜伏芽和易生不定芽，树木地上部死亡之后仍然能萌蘖生长者，可将树干锯除更新，但应保留有观赏价值的干枝，并喷防水剂等进行保护。

（八）防治病虫害

古树衰老，容易招虫致病，加速死亡，应更加注意对病虫害的防治，要有专人看护监测，一旦发现，立即防治。天牛、小蠹、介壳虫、红蜘蛛、蚜虫、树蜂、小叶蛾及锈病等是为害古树的主要害虫，它们对松、柏、槐树等造成的危害具有毁灭性，应及时防治。

1. 浇灌法

利用内吸剂通过根系吸收，经过输导组织至全树而达到杀虫、杀螨等作用的原理。在防治病虫害过程中有很多因素会导致喷药出现困难，主要因素有杀伤天敌、污染空气等问题，以及树种分散、高大、立地条件复杂等情况。具体方法是，在树冠垂直投影边缘的根系分布区内挖3～5个弧形沟，长60厘米、宽50厘米、深20厘米，沟挖好后向其中浇入药剂，待药液渗完后封土。

2. 埋施法

利用固体的内吸杀虫、杀螨剂埋施根部的方法，以达到杀虫、杀螨和长时间保持药效的目的。埋施法与上述浇灌法基本类似，在沟内均匀撒入固体颗粒后用土覆盖均匀并浇入足量的水。

3. 注射法

对于周围环境复杂、障碍物较多，而且很难寻找吸收根区的古树，当上述方法无法解决其防治问题时，可以采用注射药剂的方法。常用的是向树体内注射杀螨药剂、内吸杀虫剂，经过树木的输导组织至树木全身，以达到杀虫、杀螨的目的。

（九）设围栏、堆土、筑台

古树经常外露根脚，如不设栏保护，根脚会因过度踩踏而受到损伤，因此在过往人多的地方，要设围栏进行保护，这样才能保证古树根系健康生长，也会使树体得到保护。围栏一般要距树干3～4米，或在树冠的投影范围之外，在人流密度大的地方，树木根系延伸较长者，对围栏外的地面也要做透气性的铺装处理；为了达到保护、防涝及促发新根的目的，需要在古树干基筑台或堆土。和堆土相比，筑台的效果更好，应在台边留孔排水，切忌砌台造成根部积水。

（十）立标示牌

安装标志，标明树种、树龄、等级、编号，写清养护管理负责单位；为起到宣传教育的作用，可在古树旁设置宣传板，介绍古树名木的现状与重大保存意义，号召民众共同保护古树名木。

四、古树复壮

树龄较高、树势衰老是古树名木的共同特点，由于树体生理机能下降，根系吸收水分、养分的能力和新根再生的能力下降，树冠枝叶的生长速率也较缓慢，树体很容易因不适应外部环境的剧烈变化而导致生长衰弱甚至死亡。所以，我们要学会运用科学合理的养护管理技术，使原来衰弱的树体重新恢复正常生长，延缓衰老进程，达到更新复壮的目的。必须指出的是，古树名木更新复壮技术的运用是有前提的，它只对那些虽说年老体衰，但仍在生命极限之内的树体有效。

在古树复壮方面我国的研究处于世界前列，在20世纪八九十年代，一些地方将古树复壮的研究与实践科学合理地结合在一起，取得了显著的成果，抢救与复壮了不少古树。如北京市园林科学研究所发现北京市公园、皇家园林中古松柏、古槐等生长衰弱的根本原因是土壤密不透气、营养不良、主要病虫害严重等问题，采取了以下复壮措施。

（一）改善地下环境

古树整体复壮的关键是树木根系复壮，改善地下环境就是为了创造根系生长的适宜条件，增加土壤营养促进根系的再生与复壮，提高其吸收、合成和输导功能，是地上部分复壮生长必不可少的条件。

1.土壤改良、埋条促根

将适量的树枝、熟土等有机材料填埋在古树根系周围土壤板结、透气不良的地方，以改善土壤的保水性、通气性以及肥力条件，还能使截根重生复壮。放射沟埋条法和长沟埋条法是主要方法。具体做法是：在树冠投影外侧挖放射状沟4～12条，每条沟长约120厘米，宽为40～70厘米，深80厘米。第一步，将10厘米厚的松土垫放在沟内；第二步，将苹果、海棠、紫穗槐等树枝截成长40厘米的枝段绑成捆，平铺一层，每捆直径20厘米左右，上撒少量松土，每沟施麻酱渣1千克、尿素50克，加入适量饼肥、厩肥、磷肥、尿素及其他微量元素或者拌入少量动物骨头和贝壳等，从而达到补充磷肥的效果，覆土10厘米后放第二层树枝捆；第三步，覆土踏平。如果树体相距较远，可采用长沟埋条，长约200厘米、宽70～80厘米、深80厘米，然后分层埋树条施肥、覆盖踏平。更换新的土壤也可以作为一种方法，如北京市故宫园林科通过换土来抢救古树或使老树复壮，这一方法自1962年起就开始使用了。

2.设置复壮沟通气渗水系统

城市及公园地下环境复杂，有些地方下部有严重的积水，加剧了古树衰弱的严重性。必须用挖复壮沟、铺通气管和砌渗水井的方法，增加土壤的通透性，通过管道、渗井排出或用水泵抽出积水。

古树树冠投影外侧是复壮沟的最佳位置，复壮沟的长度和形状根据地形不同而异（直沟、半圆形或U字形沟），宽80～100厘米，沟深80～100厘米。沟内填物有复壮基质、各种树枝和增补的营养元素。回填处理时从地表往下纵向分层。表层为原土厚10厘米，第二层为复壮基质厚20厘米，第三层为树枝厚约10厘米，第四层又是复壮基质厚20厘米，第五层是树枝厚10厘米，第六层为粗沙或陶粒厚20厘米。

安置的管道为金属、陶土或塑料制品。管径10厘米，管长80～100厘米，管壁打孔，外围包棕片等物，以防堵塞。每棵树2～4根，垂直埋设，将带孔的盖盖在上部开口处，以利于开启通气、灌水、施肥，管道下端与复壮沟内的枝层相连。

在复壮沟的一端或中间可构筑渗水井，井的直径为1.2米、深为1.3～1.7米，用砖垒砌井的四周，下部不用水泥勾缝。井口周围抹水泥，上面加铁盖。井比复壮沟深30～50厘米，可以向四周渗水，这样就可保证积水不会积留在古树根系的分布层内。雨季积水量大，可用水泵抽出不能尽快渗走的水。井底有时还须向下埋设80～100厘米的渗漏管。

复壮沟通气渗水系统的设置，既能通气排水，又能供给营养，给古树根系的复壮与生长提供了优良的土壤条件。

（二）地面处理

采用根基土壤铺带孔石板、梯形砖或种植地被的方法，能够解决古树表层土壤的通气问题，能使土壤与外界正常的水气交换得到保证。具体做法是，将透气砖铺在树下、林地人流密集的地方，铺砖时，下层用沙衬垫，砖与砖之间不勾缝，留足透气通道。北京采用的衬垫是用石灰、沙子、锯末按1：1：0.5的比例配制而成的，在其他地方要注意土壤pH值的变化，尽量不用石灰。许多风景区采用带孔或有空花条纹的水泥砖或铺铁筛盖，如黄山玉屏楼景点，用此法处理"陪客松"的土壤表面，有较好的收效。

（三）化学药剂疏花疏果

植物在生长发育过程中会进行自我调节，如在植物生长过程中营养缺失或者生长衰退，会有多花多果的情况出现，但大量结果会造成植物营养失调，古树发生这种现象时后果更为严重。采用药剂疏花疏果，可减缓古树的生殖生长，使营养生长量得以扩大，恢复树势而达到复壮的效果。疏花疏果的关键是疏花，喷药时间以秋末、冬季或早春为好。对于侧柏和龙柏（或桧柏）若在春季喷施，以800～1000毫克/升萘乙酸、800毫克/升2,4-D、400～600毫克/升吲哚丁酸为宜；若在秋末喷施，侧柏以400毫克/升萘乙酸为好，龙柏以800毫克/升萘乙酸为好，但从经济角度出发，200毫克/升萘乙酸对抑制二者第二年产生雌雄球花的效果也很有效。对于国槐开花期喷施50毫克/升萘乙酸，加3000毫克/升的西维因或200毫克/升赤霉素效果较好。对于油松，若春季喷施，可采用400～1000毫克/升萘乙酸。

（四）喷施或灌施生物混合制剂

为了达到延缓衰老的目的，可对古树施用植物生长调节剂，即将一定浓度的植物生长调节剂施用在植物的叶面和根部。常用的植物生长调节剂有激动素（KT）、玉米素（ZT）、赤霉素（GA3）及生长调节剂（2，4-D）等，以上制剂均可用于古树复壮。1995年据雷增普等报道，用生物混合剂（"5406"细胞分裂素、农抗120、农丰菌、生物固氮肥相混合）对古圆柏、古侧柏实施叶面喷施和灌根处理，明显促进了古柏枝、叶与根系的生长，使枝叶中叶绿素及磷的含量有所增加，使树木的耐旱力得到了增强。但是美中不足的是还须进一步研究确定调节剂的最佳浓度。

（五）靠接小树复壮濒危古树

根系老化、更新能力差是多数古树生长衰弱的主要因素，针对这一问题可通过嫁接方法增加古树的新根数量，以利古树复壮。1996年苏州城建环保学院进行了一项研究，即树体管理对古树复壮效果的研究，受损伤的古树通过嫁接小树，生理活性会得到激发，达到复壮效果。小树靠接技术主要是要掌握实施的时期、刀口及形成层的位置，即除严冬、酷暑外，创伤后也是及时进行嫁接的好时期。嫁接前需要先将小树移栽到受伤大树旁结合深耕、松土进行养护管理，为其成活提供有利环境。实践证明，相比通常桥接补伤的方法，小树靠接治疗效果更好，更稳妥，收效更佳。

第四节 花坛与草坪的养护管理

一、花坛的养护管理

花坛的养护管理工作，要非常精心细致。大部分花坛，主要是草花，一般都很娇嫩，因此必须及时浇水、施肥、修剪、除虫、清除残株及枯黄枝叶，还要加强维护和看管，这样才能保证良好的效果和最佳观赏期。花坛的布置工作，尤其是移苗布置花坛，需要花费大量人力、物力以及财力。就花卉来说，要求有充足的花卉材料来源，还要有足够的替换花苗，一旦有死亡或衰败的植株，必须立即更换。

设计、花卉品种的选配以及施工的技术水平决定了花坛的艺术效果，花坛的日常养护管理则保证了植物的健壮生产、繁茂的枝叶、艳丽的色彩。

（一）浇水

花苗栽好后，在生长过程中要不断浇水，以补充土中水分之不足。浇水的时间、次数、灌水量则应根据气候条件及季节的变化灵活掌握。在条件允许的情况下要时常对叶面进行喷水，尤其是模纹式花坛和立体花坛。在喷水时需要注意以下几个问题：

每天浇水时间，一般应安排在上午10时前或下午4时以后。如果一天只浇一次，则应安排在傍晚前后；忌在中午，气温正高、阳光直射的时间浇水。

浇水时要控制好水量，以免水量过大造成土壤潮湿、花根腐烂；同时也要控制好水的流量，以免过急，冲刷、破坏土壤。

（二）施肥

草花所需要的肥料，主要依靠整地时所施入的基肥。在定植的生长过程中，也可根据需要，进行几次追肥。追肥时，千万注意不要污染花、叶，施肥后应及时浇水。禁止使用没有经过充分腐熟的有机肥料，避免出现烧根的状况。

（三）修剪与除杂

修剪可控制花苗的植株高度，促使茎部分蘖，保证花丛茂密、健壮以及保持花坛整洁、美观。一般草花花坛，在开花时期每周剪除残花2～3次。模纹花坛，更应经常修剪，保持图案明显、整齐。开花后，要及时剪去花坛中球根类花卉的花梗，消除枯枝残叶，保证球根类花卉得到良好发育。

花坛内的杂草与花苗争肥、争水，既妨碍花苗的生长，又影响观瞻。所以，发现杂草就要及时清除。另外，为了保持土壤疏松，有利于花苗生长，还应经常松土，及时清理残花、杂草以及败叶。

（四）立支柱

生长高大以及花朵较大的植株，为防止倒伏、折断，应设立支柱，将花茎轻轻绑在支柱上。可用细竹竿作为支柱的材料。个别植株的花朵多而大，所以在立支柱之外，可制作一个可以将花朵托住的花盘。支柱和花盘都不可影响花坛的观瞻，最好涂以绿色。

（五）防治病虫害

在花苗的生长过程中，要注意及时防治地上和地下的病虫害。由于草花植株娇嫩，要严格控制所用农药的浓度，以免有药害的情况发生。

（六）补植与更换花苗

花坛内如果有缺苗现象，应及时补植，以保持花坛内的花苗完美无缺。补植花苗的品种、规格都应和花坛内的花苗一致。对于生长期较短的草花，要勤换花苗，使花坛的观赏效果得到保证。

二、草坪的养护管理

新建成的草坪要保持青翠茂盛持久不衰，应经常保持科学的养护管理。其内容包括灌水、施肥、修剪、锄草、松土、病虫害防治等养护管理措施。

园林职工的技术水平和经济状况，草坪的生物学特性、功能及艺术构图要求是草坪养护管理必须符合的条件。

（一）建植初期草坪的养护管理

1.灌溉

种子的萌芽是需要一定水分的，营养繁殖的植株和草皮块形成的草坪都必须有一定水分，以便满足幼苗的生长。草坪建植失败的一个主要原因就是没有及时灌溉。因此为了达到完全湿润土壤的目的，须在草坪建植后及时灌水，以后也要定时灌溉。面积较大草坪中要安置喷灌系统，最好是雾状喷头，每日将雾化管水带左右移动5厘米使管下种苗接受光照，保持空气湿润，保证植株的正常生长需求。

为了避免水将种子冲走，影响发芽，草坪播种新建之后应多进行雾状灌水。草坪出苗长至三叶期，将无纺布揭去进行维护管理，局部缺苗的地方进行补播。

草坪幼苗期，一般每次灌水深度为3～5厘米，即要使草坪草幼苗根系活动层的土层完全湿润。对根系发达的草坪改用自动喷湿。通常情况下，3～4天浇一次水。空气湿度比较大的阴天则无须浇水。

随着新建草坪的不断生长发育，灌水次数可逐渐减少，但每次的灌水量则要增加，渗水深度应达到10～15厘米，灌水时间应在早晨。在强烈的阳光下进行灌溉，在蒸发作用的影响下会导致大量水分流失，叶片也会因此而受到灼伤；但如果在晚上灌溉，植株比较容易被病害侵害。在夏季特别高温时，为避免地表高温烫伤草坪幼苗，最热的时候可以进行短暂的喷水，每次2～3分钟。

灌溉得频繁和过量对草坪都是有害的，会导致土壤处于饱和状态或过度湿润。同时，草坪也容易受到积水的土壤和水坑的影响而被病害感染。草坪一旦感染病害，则很难根除。

2.施肥

为了保证草坪能良好生长，要依照草坪的肥力状况和草坪草的生长状况增施一定的追肥。使草坪的持久性得到维护以及使其良好景观得到保持的一个有效措施就是施肥。

给草坪草加施追肥，一般以有机肥为主，应采用含氮量高，并且有适量磷、钾的复合肥料或草坪专用肥，追肥量为10～20克/平方米。一般情况1年追2～3次肥。少量多次的追肥办法适用于新建的根系弱小的草坪。就施肥时间而言，冷季性草坪和暖季性草坪有所不同。冷季性草坪草每年施两次肥，施肥时间在早春和早秋，春季施肥可以加速草坪草在春天的返青速度，有利于草坪草在夏季时一年生杂草萌芽之前，恢复草坪损伤处和加厚草皮，使抗性得到增加，使绿期延长。能促进第二年生长新的分蘖枝和根茎的最佳追肥期为秋季初期。暖季性草的施肥时间，应在早春和仲夏，北方以春施为主，南方以秋施为主。

在叶面干燥没有露水时进行施肥，能避免叶面因化肥颗粒附着而引起灼伤。施肥后立即灌水或将肥料溶于水中进行喷施。

3.修剪

维护优质草坪的重要手段之一是修剪。要想保持草坪美丽的外观和良好的弹性，就要保证对草坪进行定期而且频繁的修剪。修剪可以保持草坪顶端有一定的生长，控制不理想的徒长，保持草坪平坦、整洁，提高草坪的美观性和适用性。

不同的草坪对修剪高度有不一样的规定，新建草坪的第一次修剪应在草长到7～8厘米时进行。每次修剪时，修剪去的部分应小于叶片自然高度的1/3。公园的一般性草坪留茬的高度为3～4厘米，足球场的草坪留茬高度为2～4厘米。

不同的草种生长状况不同，修剪时间和次数也不一样。对于暖季性草坪而言，一般情况下一年修剪10～15次。如果不修剪，草坪很难形成致密的草皮，会缺少弹性，而且草坪草徒长，枯草层增厚，病虫害增多，会使草坪退化加快。除此之外，须及时将由剪草机修剪下来的草屑运出草地。

除了浇灌、施肥和修剪外，去除杂草和防治病虫害也是草坪养护管理的一个方面。

4.防除杂草

杂草不但危害草坪草的生长，同时还会使草坪的品质、艺术价值或功能显著退化，尤其是在公园中，杂草对草坪的外观形象会产生不良影响。

手工拔草或用人工锄草是一种古老的锄草方法，但目前仍较多地应用，特别是对庭院草坪杂草的清除，手工拔草还是比较有效的方法，而且不影响草坪的美观。定期修剪能够使杂草的生长得到抑制，从而降低杂草的生存竞争能力。

化学防除杂草。化学除草剂能有效防除杂草，如2，4-D类、二甲四氯类化学药剂750～1 125毫升/平方千米能杀死双子叶植物，而对单子叶植物很安全，用量0.2～1.0毫升/平方米。除此之外，还有可防除一年生杂草的有机磷除草剂、甲肿钠等药剂等。

使用化学除草剂，最好是气温在18～29℃时，杂草正处于旺盛的状态时，则会收到较好的效果。

5.病虫害的防治

防治病虫害，能为草坪的健康成长提供适宜的生长环境。种子和草皮要选择无病虫的，要改良土壤的透气性，加强土壤的管理（平衡施肥量，合理进行排灌），创造良好的排水状况，适度修剪，减少枯草层等。这样霉菌、病菌等疾病发生的可能性将会大大降低。

在草坪草发生病害时，应使用杀菌剂在草坪植株表面喷洒，常用的药剂有代森锰锌、多菌灵、百菌清、普力克、福美霜等。使用时要注意合适的药液浓度。

在春季发病前可喷适量浓度的杀菌剂来达到预防的目的。

喷药次数主要根据药液残效期的长短来确定。一般情况下可以7～10天喷一次药，总共喷洒的次数根据发病情况而定。交替使用多种杀菌剂能够起到更好的杀菌效果，更好地起到预防病菌微生物产生的作用。

常见的草坪病害主要有锈病、白粉病、黑粉病、叶枯病等，可以对症施药，具体情况具体分析。一般草坪常发生的虫害有地老虎、蝼蛄、蛴螬、粘虫等，要结合建坪和草坪管理等过程实施综合防治。有害虫的草坪，比较有效的防治方法是将生物防治和药物防治结合起来。在化学药剂方面，常用的杀虫剂有有机磷化合物杀虫剂。对地下害虫，可以用毒饵来诱杀。

（二）不同阶段草坪的养护管理

均匀一致、纯净无杂、四季常绿是草坪养护的原则。实践证明，在正常管理水平下按种植时间的长短可将绿化草坪（台湾草）分为以下四个阶段：一是种植至长满阶段，即长满期，指初植草坪，种植至一年或全覆盖（100%长满无空地）阶段；二是旺长阶段，即旺长期，指种植后2～5年；三是缓长阶段，即缓长期，指种植后6～10年；四是退化阶段，即退化期，指种植后10～15年。台湾草坪在较高的养护管理水平下退化期将会延迟5～8年。台湾草的退化期比连地针叶草早3～5年，大叶草同样早3～5年。

1.恢复长满阶段的管理

按设计和工艺要求，新植草坪的地床要严格清除杂草种子和草根草茎，并填上纯净客土刮平压实10厘米以上才能贴草皮。贴草皮有稀贴和全贴两种。稀贴有50%的空地在一些时间之后才能长满，全贴只有7～10天的恢复期，无长满期。春季贴和夏季贴的草皮长满期短，仅1～2个月，秋贴、冬贴则长满慢，需2～3个月。

在养护管理上，重在水、肥的管理，春贴防渍，夏贴防晒，秋冬贴草防风保湿。通常情况下在贴草之后7天内，早晚要各喷水1次，同时保证草根和客土紧贴在一起。贴草后14天内每天傍晚喷水一次，14天后视季节和天气情况一般2天喷水1次，以保湿为主。在种植后1周开始到3个月内，每半月要施肥1次，用1%～3%的尿素液结合浇水喷施，前稀后浓，之后1亩每月用尿素2～3千克，晴天液施，雨天干施。如果草长至8～10厘米时，需要用剪草机剪草。除杂草，早则植后半月，迟则1月，杂草开始生长，要及时挖草除根，挖后压实，避免出现影响主草健康生长的情况。通常情况下，新植草坪如果没有病虫，则不用喷药，用0.1%～0.5%磷酸二氢钾浇水喷施可达到加速生长的目的。

2.旺长阶段的管理

草坪种植后第二至第五年是旺盛生长阶段，观赏草坪以绿化为主，所以重在保绿。水分管理，翻开草茎，客土干而不白，湿而不渍，一年中春夏干、秋冬湿为原则。施肥的原则是要轻施薄施，一年中1—3月和10月—12月要多施肥，4—9月施肥较少，每次剪草后亩用尿素1～2千克。旺长季节，以控肥控水控制长速，否则剪草次数增加，会增大养护的成本。本阶段的工作重点是剪草，草坪退化和养护成本决定了剪草的次数以及剪草的质量。剪草次数一年控制在8～10次为宜，2—9月平均每月剪一次，10月至次年1月每两个月剪一次。剪草技术要求：第一个方面是草高最佳为6～10厘米，大于10厘米可剪，当草长超过15厘米时会起局部呈疙瘩状的"草墩"，这种情况一定要进行修剪；第二个方面是剪前准备，检查剪草机动力要正常，刀锋利无缺损，同时捡净草坪里的细石等杂物；第三个方面是剪草机操作，调整刀距，离地2～4厘米（旺长季节低剪，秋冬高剪），匀速推进，剪幅每次相交3～5厘米，要保证每一块草地都会剪到；第四个方面是剪后的草叶须及时清理干净，并保湿施肥。

3.缓长阶段的管理

种植后6～10年的草坪，生长速度有所下降，枯叶枯茎逐年增多，夏季温度高而且潮湿，容易使草根发生根腐病，地志虎（剃枝虫）在秋冬季节为害草坪比较严重，因此这一时期的工作重点是注意防治病虫为害。据观察，台湾草连续渍水3天开始烂根，排干渍水后仍有生机；连续渍水7天，90%以上烂根，几乎无生机，须重新贴草皮。虽然烂根在渍水1～2天会比较少，但排水后高温潮湿的环境为病菌的繁殖提供了有利条件，会导致根腐病的发生。用托布津或多菌灵800～1 000倍，喷施病区2～3次（2～10天喷一次），防治根腐病效果好。地表上草的基部被高龄地老虎（剃技虫）剪断，导致草坪形成块状干枯，为害速度快，形成大面积干枯。检查时须拨开草丛才能发现幼虫。要及早发现，及时在幼虫低龄时用药，一般用甲胺硫磷或速扑杀800倍泼施，为害处增加药液，3天后配合尿素液将为害处的枯草清理干净，草坪会在7天之后恢复生长。

缓长期的肥水管理比旺长期要加强，可增加根外施肥。剪草次数控制在每年7～8次为好。

4.草坪退化阶段的管理

草坪也是有寿命的，通常情况下草坪开始逐年退化是在种植10年之后，种植后15年严重退化。此时，应注意水分管理，干湿交替，严禁渍水，否则会加剧烂根枯死；还应加强病虫害的检查防治。正常的施肥无法根治病虫害，因此需要额外的施肥方式来补充正常施肥的不足。除正常施肥外，每10～15天用1%尿素、磷二钾混合液根外施肥，或者用商品叶面保、叶面肥如大丰田等根外喷施，会有很好的效果。同时需要对部分完全枯死处做全贴补植。退化草坪剪后复青慢，全年剪草次数不宜超过6次。另外，由于主草稀，易长杂草，须及时挖除。如果想有效延缓草坪的退化期，则须全面加强对草坪的管理。

参考文献

[1]张剑，隋艳晖，谷海燕.风景园林规划设计[M].南京：江苏凤凰科学技术出版社，2023.

[2]韩阳瑞.高职高专园林专业规划教材：园林工程[M].北京：中国建材工业出版社，2023.

[3]刘晶.现代园林规划设计研究[M].长春：吉林出版集团股份有限公司，2022.

[4]徐文辉.城市园林绿地系列规划（第四版）[M].武汉：华中科技大学出版社，2022.

[5]郝欧，谢占宇.普通高等学校"十四五"规划风景园林专业精品教材：景观规划设计原理（第2版）[M].武汉：华中科学技术大学出版社，2022.

[6]干植芳，张思，袁伊旻.园林规划设计[M].武汉：华中科学技术大学出版社，2022.

[7]汪辉，汪松陵.风景园林规划设计（第二版）[M].北京：化学工业出版社，2022.

[8]孙凤雪，李金娜，李军.园林规划设计及其创新理念研究[M].哈尔滨：东北林业大学出版社，2022.

[9]宁艳.风景园林规划设计方法与实践[M].上海：同济大学出版社，2022.

[10]吴苗，李甜甜，胡平.高等院校艺术学门类"十四五"系列教材：园林规划设计实训[M].武汉：华中科学技术大学出版社，2022.

[11]黄东兵.园林绿地规划设计（第二版）[M].北京：高等教育出版社，2022.

[12]耿秀婷，张霞，曹茹茵.现代城市园林景观规划与设计研究[M].北京：中国华侨出版社，2022.

[13]史宝胜，陈丽飞.高等院校风景园林专业规划教材：园林植物学[M].北京：中国建材工业出版社，2022.

[14]杨瑞卿，陈宇，邱玲.风景园林应用类高等院校风景园林类专业系列教材：风景名胜区规划[M].重庆：重庆大学出版社，2022.

[15]丁慧君，刘巍立，董丽丽.园林规划设计[M].长春：吉林科学技术出版社，2021.

[16]张恒基，朱学文，赵国叶.园林绿化规划与设计研究[M].长春：吉林人民出版社，2021.

[17]于晓，谭国栋，崔海珍.城市规划与园林景观设计[M].长春：吉林人民出版社，2021.

[18]吕桂菊.高等院校风景园林专业规划教材：植物识别与设计[M].北京：中国建材工业出版社，2021.

[19]陈晓刚.高等院校风景园林专业规划教材：园林植物景观设计[M].北京：中国建材工业出版社，2021.

[20]郭玲，李艳妮.园林规划设计[M].北京：中国农业大学出版社，2021.

[21]董晓华，周际.园林规划设计（第三版）[M].北京：高等教育出版社，2021.

[22]宁妍妍，赵建民.园林规划设计（第二版）[M].北京：中国林业出版社，2021.

[23]曹磊，杨冬冬.风景园林规划设计原理[M].北京：中国建筑工业出版社，2021.

[24]王春红.城市园林规划与设计研究[M].天津：天津科学技术出版社，2021.

[25]付军，张维妮.风景园林规划设计实训指导书[M].北京：化学工业出版社，2021.

[26]李金路.风景园林师中国风景园林规划设计集（20）[M].北京：中国建筑工业出版社，2021.

[27]彭丽，关钰婷，高凤平.园林景观规划设计[M].沈阳：东北大学出版社，2021.

[28]马建武.园林绿地规划（第2版）[M].北京：中国建筑工业出版社，2021.

[29]任行芝.园林植物景观规划设计[M].北京：原子能出版社，2021.

[30]祁娜，刘丰，李修清.现代园林景观规划设计研究[M].哈尔滨：北方文艺出版社，2021.

[31]陆娟，赖茜.景观设计与园林规划[M].延吉：延边大学出版社，2020.

[32]陈晓刚.风景园林规划设计原理[M].北京：中国建材工业出版社，2020.

[33]郑永莉，高飞.园林规划设计[M].北京：化学工业出版社，2020.

[34]宋会访.园林规划设计[M].北京：化学工业出版社，2020.